U0091475

在升遷之後

陳立隆
尤嶺嶺 ——著

卸責能力
超強

偏激言論
攻擊

濫用
「承諾式」
管理

主管缺乏領導能力，別再說員工不努力！

領導，是一種行為藝術，是人際關係的集大成者

要有實力、建立權威、溝通能力強、還要協調員工關係……

身為領導者的你，是合格的管理者嗎？
還不是領導者的你，具備管理者的特質嗎？
快來跟著本書檢測你的領導能力！

崧燁文化

目錄

目錄

目錄

前言

　　領導他人是一門學問，也是一門藝術。管理者想在相應的位置上站穩腳跟，既要保持自己嚴正清明的本色，又要學會一套處事的本領和技能，這樣才能贏得上級的讚賞、同事的支持、下屬的尊重。

　　處事，絕不是一個小問題，而是關係到管理者能成就多大事業的重要課題。管理者的處事能力來源於其本身豐富的閱歷和知識的累積。在處理各種事件的過程中展現這種能力。一個卓越的管理者是具有獨具匠心的創造力和非凡的處事能力的人。

　　有句格言這麼說：「得人心者得天下。」這是真理，管理者要想取得人心，發展事業，必須以超群的能力處理各種關係複雜的事情，才能在知識經濟的挑戰性時代中奮力進取，開拓創新，跟上時代的步伐，不斷前進。

　　然而，有一些管理者雖有一定地位，手中也握了一些權，但無法適應快速發展的事業，處理事情過程中抓不住重點，不懂得協調，不掌握分寸，不注意言行，不尊重下屬，不擅長激勵下屬，有些人甚至為達到某種目的，不擇手段做出令人不齒的事，影響團結，影響工作，影響事業發展。

　　身為管理者，難的不是能不能勝任工作，而是能否處理好與上下左右的關係。一個管理人員不管有多聰明、多能幹，如果不懂得如何與上司以及周圍的人相處、在天地間謀事，那麼他的結局多半是失敗。只有掌握了為人處事的方法，經營事業和人生，才能到達無往不利、左右逢源的高超境界。

　　處事的學問實在太複雜，任何人都無法達到爐火純青的境界。但是，當

前　言

你用心分析那些成功管理者時，就會發現他們都有自己獨特的處事之道，由此可以摸索出一些適合自己發展事業的方法。本書將告訴你用人管人之法，謀事成事之道，是引導你成為卓越管理者的必經之路。

第一章　鋼鐵實力，魅力處事 ——
　　　　想打鐵要先有把硬錘子

　　管理者的人格魅力，是位於管理者權力影響之外的、能讓下屬和員工敬佩、信服的一種自然征服力，是管理者成就事業的根本。人格魅力具有磁鐵般的作用。一個人如果只有專長，沒有人格魅力，或者說人格不佳，便難以打造自己的核心競爭力的，在競爭中難以取勝。只有把人格和專長二者完美結合，才能在競爭中立於不敗之地。所以，管理者應該不斷加強自身的人格修養，增強自己的人格魅力。

自律是管理者不可或缺的人格力量

什麼是自律？自律就是自己管好自己，是一種自發的主動行為，是一個人內在綜合素養的外在表現，是一種不可或缺的人格力量。自律程度的高低往往展現出個人涵養的高低，同時也影響著個人取得成就的大小。

企業要卓越，必須有自律精神。而企業的自律精神，又來自於管理者的自律。只有企業管理者具有自律精神，才能使企業內部的所有員工，自覺地做好自己的工作，提高對自己的要求，進而使企業具備自律精神。所以說，管理者能夠自律是管理者打造團隊的重要因素。

喬治是英國一家汽車輪胎生產公司的領導者。同行都敬畏地稱他為「魔王」。因為在他的公司，制訂的條例是最少的，但卻是最嚴厲的。在建立初期，有上百人因為小小的錯誤被解僱。雖然如此，喬治仍然得到了他的同僚和下屬的尊敬與愛戴。只因為他也和大家一樣，嚴於律己，遵守自己制訂的制度。要別人做的，他自己先做到，一旦違規，所受的處罰遠重於對普通職員的懲戒。

喬治的管理方式曾被一家商業期刊連載介紹，毀譽不一。但喬治卻倔強得如頭驢子，我行我素，旁人的閒言碎語對他完全沒用，影響不了他根據自己信念做出的決定，最後，流言蜚語不禁而止。因為公司的傲人銷售業績讓所有長舌的人閉上嘴。喬治還是老樣子，開著一輛老福特車，經常上小酒吧和自己的朋友喝一杯，痛快地笑幾聲。

在喬治公司所在的地區，商會的勢力是全英國最強的。每家公司領導者做出的決定都不得不考慮它的後果，以防商會來找碴，但喬治卻沒有給過商會人士上門的機會，除了禮節性的拜訪，或是慈善募捐。喬治公司每年的銷

售額可以高達三千萬英鎊，而一般的同行能有五百萬就算是佳績了。喬治公司的利潤遞增率每年高達 25%，把同行們遠遠丟在後面。在一次徵才中，五十個空缺引來了三千名報考者，這可見喬治公司在世人心目中的地位和它的影響力。

在他的領導下，公司的所有成員，能全力扭成一根繩，往一處發力，下層職員在賣命，高級管理人員也並不比他們輕鬆多少。正是紀律的嚴明塑造了公司職員的自律和自覺，把個人的得失和公司的榮辱緊緊連繫在一起。公司的地位也給了職員這樣的信念：自己是最優秀的，因為喬治的公司就是最優秀的。公司是聰明智慧人物的集結處，他們一起創造了公司的盛名和榮譽。

享有聲譽和成就的企業，都是自律的企業。他們的管理者都極其善於控制自己。他們很清楚自律者才能律人的道理，清楚以身作則的作用。所以他們在很多方面都是行為的標準。這為他們建立了威望，贏得了員工的擁護，同時也使得很多政策能夠良好執行。

有句話說得好「律己者律世，志高者品高。」當一個人到了這樣的境界，他作為精神領袖的力量是不可抗拒的。所以，你能有多成功，就看你有多自律。一個成功的管理者，首先是一個成功的自我管理者，一個能夠自我約束、自我克制的人。

阿澤是一家食品廠的經理。在公司發展徘徊不前的時候，他了解到這是產品品質的問題。知道問題所在後，阿澤開始了他的改進計畫。他避免緊鑼密鼓的工作方式，他認為，這種工作方式除了在精神上給員工帶來沉重壓力之外，不會有太多的好處，這種負面效應會減少產品品質改進後的部分成果，阿澤採取了溫和的手法。他請來廣告策劃專家，以輕鬆愉快的形式讓員

工產生重視產品品質的想法，使之深入人心並不斷鞏固，從而成為員工的自覺。不僅如此，阿澤還經常走出他的辦公室，針對產品品質問題和員工們展開討論，交換意見，由此收集了許多品質改進的建議。

阿澤的努力終於換來了成功。全公司上下一心形成了嚴格的品質意識，公司的銷售額直線上升。但在年底，細心的員工發現了一個頗為棘手的問題，此次出廠的一批罐頭雖仍受到顧客歡迎，但這批罐頭在密封方面卻有問題，不符合公司對此環節的嚴格規定。是否繼續發貨，員工們舉棋不定，他們把問題推上了阿澤的辦公桌，等待著阿澤的回答。

阿澤的回答讓每一個員工都感到意外：「照發不誤」。之後的事就不用再敘述了，阿澤就因為這簡短的一句話毀了自己所有努力。他自己訂立了關於產品品質的嚴格標準，並要求每個人嚴格執行，可現在，又是他自己違背這個原則做出了決定，阿澤失去了在員工中間建立的威信，沒有人會再相信他的決策了。其實，當員工們把要不要發貨的報告呈上來的時候，阿澤就應該清楚知道：員工所以這樣做，全是自己嚴格要求、訓練的結果，表明員工是何等地重視產品品質。阿澤的回答無疑是告訴他們，所有訂立的要求大家嚴格遵循的規則都是一紙空文，毫無意義，隨時都可以撕毀、推翻。阿澤搬了石頭砸了自己的腳。你可以預見，員工們對阿澤的所作所為會感到如何的失望，正所謂上行下效，既然管理者都可以這樣言行不一致，出爾反爾，自己作為下屬，更沒必要去遵守了。果然，公司的產品品質江河日下，一日不如一日。

有一句話這樣說：「善為人者能自為，善治人者能自治。」一家企業能否在激烈的競爭潮流中得到發展，關鍵在於其管理者是否有正確的自律意識。管理者只有身體力行、以身作則，才能建立起人人都遵守的工作制度。

現在很多的管理者，總是一味去要求員工，卻放縱自己。事實上，一個沒有能力管好自己的人，是絕對沒有能力管好別人的。管理者先要自律，才能律人。如果領導者做不到律己，就會造成負面的影響──員工會對領導者喪失信心，企業也會因此而走向失敗。

俗話說：待己才能待人。管理者的第一要務是自律──管理別人應從管理自己開始，掌控自己才能管好別人。自律的養成是一個長期的過程，不是一朝一夕的事情，管理者要勇敢面對來自各方面的挑戰，不輕易地放縱自己，哪怕只是一件微不足道的小事。久而久之，自律便會成為一種習慣，一種生活方式，你的人格和智慧也因此變得更完美。

既要實力強也要謙和待人

謙和，即謙恭平和、寧靜諧和，是一種待人處事的態度。管理者待人謙和，感情投入多，人際關係就和諧融洽，就能感到事事得心應手，即使工做出現了失誤或遇到了困難，下屬也會真誠體諒，熱心幫助，甚至會主動共度難關，否則，人際關係緊張，管理者就會感到曲高和寡，孤獨苦惱，工作目標就很難實現。

某企業總經理何小姐是一位非常有個性的女能人，她工作上充滿熱忱，能力強，年輕漂亮，也是一位非常成功的企業家。她最大的長處是她永遠都很謙虛、關心人，待人體貼，對下屬更是如此，經常鼓勵、關懷，說話動聽又溫柔。

有一位採訪過她的記者曾這樣寫她：「不論你來自何方，只要有機會與她相處，她總是把你當做是她屋裡唯一的重要客人。當你與她說話時，她的

13

眼神、語言總會讓你忘了面對的是一名赫赫有名的總經理，而是與你親密相伴的朋友。她會認真地傾聽你的意見，讓你大膽地發表自己的意見和觀點。如果有別人在場，她並不會因為你是一名年輕的業務員或打字的祕書而怠慢你，仍然把你當做她的朋友一樣熱情對待。」

　　謙和是建立人際關係的重要基礎，是工作得以順利進行的潤滑劑。管理者以誠感人，別人也會以誠而應。謙和的背後，蘊涵的是做人的真誠，展示的是人格的魅力，放射的是人性的光輝。

　　日本「松下電器（Panasonic）」的創始人松下幸之助曾經說過：「謙和的態度，常會使別人難以拒絕你的要求。這也是一個人無往不利的要訣。」作為管理者，要學會謙和大氣，遇事胸襟博大，誠懇待人，厚德容人，用謙和凝聚人心、整合力量、營造氛圍、推動發展。

　　有個真實故事：

　　喬治‧華盛頓（George Washington）是美國的第一任總統。他正是靠著他平易近人的領導風格來贏得千萬美國人的尊重和擁戴的。華盛頓雖然是個偉人，但他若在你面前，你會覺得他普通得就和你一樣，一樣的誠實、一樣的熱情、一樣的與人為善。

　　有一天，他穿著一件過膝的普通大衣獨自一人走出營房。他很低調，遇到的每一個士兵都沒有認出他。來到街道旁，他看到一個下士正領著手下的士兵築街壘。那位下士雙手插在口袋裡，站在旁邊，對抬著巨大水泥塊的士兵們喊道：「一、二、加油！」儘管下士喊破了喉嚨，士兵們不斷努力，還是不能把石頭放到預定的位置上。他們的力氣幾乎用盡，石塊眼看著就要滾下來。這時，華盛頓疾步跑上前去，用強勁的臂膀，頂住石塊。這一援助很及時，石塊終於放到了位置上。士兵們轉過身，擁抱華盛頓，表示感謝。

華盛頓轉身向那個下士問道：「你為什麼光喊加把勁卻不幫一幫大家呢？」

「你問我？難道你看不出我是這裡的下士嗎？」那下士背著雙手，霸氣十足地回答道。

華盛頓笑了笑，然後不慌不忙地解開大衣鈕釦，露出他的軍裝：「按衣服看，我是上將。不過，下次在抬重東西的時候，你也可以叫上我。」那個下士這時候才明白自己遇見的是誰，頓時羞愧難當。

謙和是一個人最耀眼的人格魅力。華盛頓身居高位而能如此謙和地對待一位士兵，讓人們對他產生了敬意。

謙和是一種美德，可以換來和諧和讚譽，換來別人的尊重和敬佩。心存謙和，人自相敬。古羅馬政治家、哲學家塞內卡（Lucius Annaeus Seneca）說：「有謙和、愉快、誠懇的態度，而同時又加上忍耐精神的人，是非常幸運的。」做人謙和一些，能與別人和睦相處，得到他人的認可與幫助，為自己的成長高飛插上「隱形的翅膀」。

一個人待人處事的方式和態度能夠反映他的道德情操和氣質涵養。生活是一面鏡子，你對它微笑，它也會對你微笑。同樣，在工作中，管理者只有謙和地對待別人，才能得到別人謙和對待你的良好互動。

泰國曼谷東方文華酒店曾先後四次被美國財經雜誌評為「世界最佳飯店」。酒店管理的巨大成功與總經理庫特‧瓦赫特法伊特爾是密不可分的。

庫特先生像管理一個大家庭那樣來經營東方文華酒店，其管理祕訣就是「酒店是大家的」。庫特先生除了有套行之有效的管理措施之外，他的人格魅力也使他在管理這個世界著名酒店時得心應手。他雖然當了數十年的總

經理，是主宰一切的最高負責人，但卻從不擺架子，對一般員工也是和藹可親。哪個員工有困難或疑問，都可以直接找他面談。他聲望極高，曾被泰國祕書聯合會數度評為「本年度最佳經理」。為了聯絡員工的感情，使大家為酒店效力，庫特先生經常為員工及其家屬舉辦各種活動，如生日舞會、運動會、佛教儀式等等。這些活動無形中縮小了部門之間、上下屬之間的距離，提高員工積極性、融洽關係、改進工作品質。在東方文華酒店，從看門人到出納員，全體員工都有一個經營好酒店的榮譽感。員工們除了有較豐厚的薪資外，還享有許多福利待遇，如免費用餐、年終紅包、緊急貸款、醫療費用、年終休假、職業保險等。這些對於員工來說無疑是一種促使他們積極為酒店效力的重要措施。

一個成功的管理者，是善於以情感人的。謙和是無形的力量，是親和力、感染力、凝聚力，能為事業的發展提供不可替代的人文優勢。管理者謙和待人，尊重下屬，主動為下屬排憂解難，讓下屬感受到大家庭的溫暖，下屬就會對你產生信賴，歸屬感，順從感，形成巨大的吸引力和影響力。

謙和待人是管理者立身處世的財富。要做到謙和，並不需要驚人的異舉，一言一行、一顰一笑就是謙和的最好詮釋。

平易近人，別擺架子

有道是：「人格無貴賤，人品有高低。」作為企業的管理者，很容易產生高高在上的感覺，通俗說就是「擺架子」。這是管理者的大忌，也是管理者最常犯的毛病之一。有一些管理者總把自己擺在「高人一等」的位置上，要排場、逞威風，結果導致管理者盛氣凌人，底下的人怨聲載道，這是企業最差勁的管理。管理者不但把自己的人品降了一格，同時也使管理者與下屬之間

永遠隔著一條無法逾越的「天河」。必須杜絕這種現象的發生。

有一位總經理從來不擺架子，為了與部下拉近距離，他經常在業餘時間與員工玩撲克牌，以此作為打開與員工溝通交流的鑰匙。在此過程中，大家無話不談，性格中的優點和缺點充分暴露。牌打到興奮處，年輕一點的甚至會跟他友善地開玩笑逗大家開心。大家在娛樂中相互了解，相互溝通。他不僅是他們工作上的領導者和權威，更成了他們生活上的朋友和夥伴。

從上面這個事例中可以看出，管理者放下架子，看似少了些官威，實則提升了自己的人品和威信。所以，不要老想著自己是官而不肯放下架子，要知道，高高在上的神態總是令人討厭的，更不會受到別人的尊敬，它只會為管理者的工作平添無數障礙。而放下架子，在工作和交往中，以平等的態度與員工交流，則會使人有受到尊重的感覺。如果管理者可以將這樣的交往與管理活動巧妙地合在一起，下屬便會樂於接受你的領導，並且樂於與你交朋友。這樣，你的「權力範圍」就會變成良好的「關係範圍」，這才是最佳狀態。

西方國家有一些大公司已經取消了經理、董事和其他高級管理人員的專用洗手間、專用餐廳，他們在工廠與工人們交談、爭論，有時也跪在地上和工人們一起研究故障的機器。日本的企業更甚之，公司經理、董事長在工作時間同工人穿一樣的工作服，一起工作。下班之後一起到酒吧喝酒聊天，到舞廳娛樂……總之，他們都取消了自己的特權，放下了高高在上的指揮者的架子，破除了他們身上保留的「神祕」和「神化」的幻想，以平等的身分，以「人」的形象走入「人間」，走向員工，與員工們親密相處。從而激發員工們的工作熱情，讓他們不再有對壓迫式領導的反感，有了歸屬感、安全感、認同感，以輕鬆的心情投入工作，發揮出最大的動力和創造力。

其實，對於地位比較高的人，一般人都會敬而遠之，如果你再擺架子，

就會把別人從你身邊趕走，這樣一來，你被自己的行為孤立，工作就難以進行，事業受挫，你的生活也不會快樂，你已經沒有什麼朋友了。所以說，管理者要勇於放下「架子」，與員工打成一片，建立朋友式的夥伴關係，這樣，員工才敢把心裡話告訴你。

有著「全球第一 CEO」之稱的傑克 · 威爾許 (John Francis "Jack" Welch, Jr.) 先生，在執掌美國奇異公司 (General Electric Company，簡稱 GE) 的近 20 年時間裡創造了大量的商業傳奇，引領著全球商業和企業管理領域的發展。他是 20 世紀最偉大、最成功的企業家，同時也是一位善於放下「架子」的老闆，他經常與員工們「混」在一起，並樂在其中。他從一名技術員升到董事長，幾乎在公司的任何一個部門都待過，總能和員工保持非常融洽的關係。

有一次，傑克在家裡舉辦一個小型派對，不但邀請公司的高層經理人，還有幾名基層的員工也一起參加。為了帶動派對氣氛，他還讓妻子準備卡拉OK，要每個參加聚會的人都獻上一首歌曲，很快的讓大家沉浸在香檳與音樂的歡樂之中。

正當大家高興的時候，幾名基層員工提出要先回去公司，傑克感到很納悶。原來，公司正在準備一批產品，按照正常工作時間根本無法完成，即使加班也未必能夠按時交貨。工人怕耽誤交貨的時間，只好利用週末的時間加班。

做事一向果斷的傑克，第二天立即召開會議，研究產品的生產計畫安排。經過研究才發現，實際上確如員工所說，不可能在這麼短時間內就將產品生產出來。他決定重新制定生產計畫，並要求考慮工人的實際情況盡快提出一個解決方案。此外，他還特地去感謝幾名基層員工的建議。

　　一次小小的聚會卻讓傑克意外地發現問題，由此可知，公司的管理者與員工廣泛接觸，近距離地傾聽他們的所思所想，是多麼的重要。管理者在與下屬相處的過程中，要平易近人，放下架子，儘早消除由於上下屬關係所帶來的緊張和不安，這樣，才能聽到員工真實的意見和建議，從而使工作氛圍更加融洽，和諧，自然。

　　一次，一位管理者看見一名員工沒有在現場服務，而是在室內休息，本打算上前詢問緣由，可是轉念一想，與其劈頭說他一頓，還不如自己平易近人一些，及時去替這位員工為客戶服務。該管理者在忙時，別的員工告訴他，那位員工已經感冒好幾天了，卻堅持帶病工作，剛才實在撐不住了，才進屋休息一下。這位管理者了解這一情況後，及時將讓這位患病的員工回家休息。

　　由此可見，管理者放下「架子」最有效的途徑就是走進基層，深入基層，對下屬予以充分的理解和關心。這是建立威信，提升魅力，增強領導力的重要關鍵。

　　管理者要切實做到放下「架子」，就要不以權壓人，走出辦公室，把自己置身於員工中；要做員工的知心朋友，從內心深處，視員工高於自己；要時刻把員工裝在心窩裡，員工有病，要用慈母般的愛關心呵護；員工有難事，要用滿腔熱情為他們排憂解難；員工想不開，要用摯友的真誠開導幫助。俗話說：只有送不到的暖，沒有捂不熱的心，只有想不到的事，沒有講不清的理。只要管理者對員工付出真愛，員工就會把你當做避風的港灣，他們的心自然就會在你那裡靠岸，你也就贏得了他們的信賴。這樣，管理者與員工之間的距離就近了，關係就順了，你的工作也就容易展開了。

　　總之，作為一名管理者，必須放下架子，走近下屬，體察下屬的心意，

這樣才能了解工作真實的情況，明察秋毫、運籌帷幄，成為下屬心中的優秀上司。

反省自己，勇敢認錯

有個寓言故事：

一天，一隻鴨子跑到國王面前控訴：「國王陛下，法令曾宣布森林裡的動物之間要相互友愛、和平相處，但現在卻有人違背了這原則。」

「誰這麼大膽，竟敢打破和諧的秩序？」國王急切地問道。

鴨子抹了抹眼淚，委屈地說道：「今天上午，我潛到水底之前，把我的孩子託付給老馬照顧，牠不但沒有好好照管，還踩傷了我的孩子，現在，我要來討回公道！」

於是，國王在森林裡召開了公開的審判大會，他把老馬叫來，問道：「你受人之托，應當忠人之事，你為什麼不好好的照顧鴨子的孩子。」

老馬委屈的回答：「是的，我本應好好照顧，但是，我的確不是故意的，我聽見啄木鳥用長嘴敲出鼓一樣的聲音，我以為戰爭降臨了，我驚慌失措地急於逃避戰爭，不慎踩到了鴨子的孩子，我發誓，我絕對不是有意的。」

國王叫來了啄木鳥問：「是你敲出鼓聲宣告戰爭要降臨了嗎？」

啄木鳥回答道：「是我，國王，但我這麼做是因為看到蠍子在磨牠的匕首。」

國王叫來蠍子問：「你為什麼磨你的匕首？」

蠍子回答說：「因為我看見烏龜在擦牠的盔甲。」

國王叫來烏龜問：「你為什麼擦你的盔甲？」

烏龜辯解說：「因為我看見螃蟹在磨牠的刀。」

國王叫來螃蟹問：「你為什麼磨刀？」

螃蟹回答說：「我看見蝦在練標槍。」

國王叫來蝦問：「你為什麼練標槍？」

蝦說：「因為我看見鴨子在水底吃掉了我的孩子！」

聽完了上面的回答，國王看著鴨子說：「現在，你明白孩子不幸的根源了吧！主要責任不在老馬身上，而應該算在你自己的頭上，這就是種瓜得瓜，種豆得豆。」

發現別人的錯誤容易，看見自己的錯誤難，其實，人們也經常犯下類似鴨子的錯誤，看不到自己的過錯，總是把責任推給別人，不會反省自己的行為。

有一個人整日埋怨生活不順利，好像不如意的事情都發生在他的身上。他說：「這都是命運之神在捉弄我。」命運之神聽到了，便來找他說：「其實這與我沒有關係，只是你忘了生活中一個重要的環節，抓住了這個環節，你就會事事如意。」那人請教命運之神是什麼環節，命運之神說：「把反省自己當成每日的功課。」

所謂反省就是反過來審查自己，檢討自己的言行，看有沒有要改進的地方。一般來說，能夠時時反省自己的人，是非常了解自己的人。他們會時時考慮：我到底有多少力量？我能做些什麼事？我的缺點在哪裡？我有沒有做錯什麼？……這樣一來，他們能夠輕而易舉地找出自己的優點和缺點，為以後的行動打下基礎。同樣，管理者深刻的自我反省，也會讓自己達到更高的

心靈高度。一個能自我反省的管理者，才可能以身作則，作為模範，這才有可能踐行自己的主張，帶領團隊一起成長。

反省其實是一種學習能力。對管理者來說，反省的過程就是學習的過程。有沒有自我反省的能力、具不具備自我反省的精神，決定了管理者能不能發現自己所犯的錯誤，能不能改正所犯的錯誤，是否能夠不斷學到新東西。

奇異公司前 CEO 傑克雖然在任時工作很忙，但是每個星期的星期六晚上，他總要抽出一晚上的時間，把自己關在書房裡，安安靜靜地反思自己：自己在工作上有什麼沒做好，哪些地方今後應該繼續做好，自己有沒有武斷地做出主觀的決定。對於這每週必做的事情，他的理由是：若每年檢查一次實施成果，則一年只有一次機會可以改正錯誤；若每月檢查一次，則一年有十二次機會改正錯誤；若每天檢查一次，則一年有三百多次機會改正錯誤。所以，每天的衡量次數增多，機會當然會相對增加。因為傑克的工作實在太忙了，所以只能每週一次。正因為這樣，傑克才能領導著危機重重的奇異公司一步步走向輝煌。

傑克之所以取得這麼大的成就，不能不說和他的堅持自我反省是有著巨大關係的。

自我反省是認識自我、發展自我、完善自我和實現自我價值的最佳方法。管理者要將「反省自己」作為日常工作的重要組成部分。不斷地檢查自己的不足，及時反思失誤原因，不斷地完善自我。

曾子說：「吾日三省吾身。」對管理者來說，問題不是一日三省吾身、四省吾身，而是應該時時刻刻記住、反省自己，唯有如此，才能時刻保持清醒。因此，管理者不妨在每天結束時，好好問問自己：今天我到底學到些什

麼？我有什麼樣的改進？我是否對所做的一切感到滿意？如果管理者每天都能改進自己的能力，必然能獲得事業上的成功。

低調是高明的領導智慧

低調是一個人成熟的象徵，是為人處事的基本素養，也是一個人成就大業的基礎。我們做人、做事應該盡顯低調，在低調中修練自己。

傳說中，因為生存競爭太激烈，南亞地區的大象部落被迫向北遷徙，最後選定了東亞的一片叢林為落腳點。

這片叢林裡，一直以來都只有住著一些小動物，諸如兔子、狐狸、松鼠等，身型龐大的大象來到這個小動物的世界裡，就顯得更龐大了。

在叢林駐紮的第二天，大象首領就頒布了三項規定：

第一，所有大象，不得對其他動物說大象是陸地上最大的動物。

第二，所有大象，都不能因為自己身形高大而趾高氣昂，更不可欺侮其他小動物。

第三，所有大象外出時，都必須用樹枝掩蓋全身，只露出頭部，盡量讓自己看起來小一點。

規定一出，大象部落裡一片譁然，大家都覺得不可思議，難以接受。

「我們就是最強大的，有什麼值得顧忌的？」

「我們本來就是陸地上最大的動物，我們為什麼不可以光明正大地說出來？」

「執行這樣的規定，有失我們大象的臉面，有損我們大象的尊嚴！」

　　這時，大象首領說話了：「這片叢林裡，一直都只生活著小動物，我們的出現，無疑讓這裡所有的小動物都感到不安，牠們會本能地防備我們。如果讓牠們感覺我們過於龐大，牠們會將我們視為敵人，那樣，我們就一個朋友也交不到，也無法得到外界的幫助。如果牠們集中力量來攻擊我們，那麼，我們的處境將十分糟糕。」

　　動物尚且知道以一個低調的姿態，來掩飾自身的強大，從而避免讓自己成為森林小動物們的眾矢之的，人更應該如此。

　　低調是生存的大智，是韌性的技巧，是做人的美德。低調做人，凡事不張揚，實乃做人的至高境界。無論在官場還是商場，低調做人都是一種進可攻、退可守，看似平淡，實則高深的處世謀略。

　　在現代社會裡，低調做人更容易被人接受，顯露鋒芒則容易招來禍害。事實上，低調是一種大智慧，它不是自卑，不是怯懦，不是軟弱，不是無能，不是退縮，而是清醒中的進退有度、理智中的圓滑、愚鈍中的機智。對管理者來說也是如此。

　　一間公司新來一位總經理，他召集所有中層管理者開會，謙虛地表示自己初來乍到，請各位對企業的發展提出高見。所有的中層管理者不是你推我我推你，就是說些無關痛癢的話。總經理也一臉謙恭，始終微笑而有耐心。

　　忽然，一位年輕的經理站了起來，似乎憋了很久：「我們公司出現了很多問題，要想好好發展公司，必須做到以下三條：第一……第二……第三……」他講得慷慨激昂，有理有據，直指當前公司矛盾的核心。其他經理有的靜靜地看著他，有的低下頭，專注於自己的桌面或是鞋尖。等他講完了，會議室裡誰也不出聲，一片沉默。

總經理看看大家，好像明白了什麼，便問：「年輕人，你多大了？做幾年經理了？」年輕的經理一一做了回答。總經理居然責備年輕經理說：「在座的經理有很多年齡比你大，資歷比你深，學識比你高，他們對企業的發展看得就沒你清楚嗎？你所說的就一定正確嗎？希望你以後多向老前輩請教，虛心向老經理們學習。」會後，總經理卻把年輕的經理請到自己的辦公室，親自關上門，拍拍他的肩膀，說：「年輕人，以後公司就靠你了。」年輕人一頭霧水。

總經理說：「剛才你在會議上講得都很正確，但是你講得太尖銳，太直接了。其他經理可能對你很不滿，聯合起來對付你，這樣你的處境會很危險。所以我才罵你，把你救出來。以後你要記住：高標做事，低調做人。」年輕的經理如醍醐灌頂，感嘆這是職場重要的一課！

拿破崙曾經說：「有才能往往比沒有才能更危險；人不可避免地會遇到輕蔑，卻更難不變成嫉妒的對象。」越是有才華的人，越是官居高位的管理者，就越要保持低調的智慧。有句話說：「處事須留餘地，責善切戒盡言。」管理者做人，也要謹以安身，避免成為別人關注和攻擊的目標，這就是低調做人的方法論。

有道是：「地低成海，人低成王。」一個人不管取得多大的成功，不管名有多顯、位有多高、錢有多豐，面對紛繁複雜的社會，也應該保持做人的低調。這是每一位企業管理者應該做到的。

凡是成功的管理者，從來不習慣炫耀自己，他們不張揚，處世樸實。與一些喜歡拋頭露面、誇大其詞的管理者比較起來，更能夠得到眾人的信賴與更高的成就。

現如今，很多企業經營者熱衷於提高聲望，喜歡參加「大企業家」、「企

業名流」、「傑出才俊」等評選。幾經周折，終於當選，頒獎大會風光熱鬧，報刊雜誌喧騰一時，親朋好友慶賀一陣，事實上對企業家個人的領導經營能力、公司運行的好壞，並沒有實際的幫助，也無法增加個人財富。所以，企業的經營者不可過分在意自己的虛名，更不可相信那些虛名能為你帶來什麼實際利益，所謂「虛名」只會累人而不會助人。

低調做人是管理者為人處事的境界、風範，更是一種哲學。我們強調管理者要做人低調，其實並不是降低管理者的身分，而是抬高管理者的位置。表面看是低了，其實在他人的心目中卻高了，威信高了，別人自然會更加尊重你，心理地位更高了。管理者若不清楚這一點，一味注重自己的名位，無論什麼時候都想著自己的身價，總想取得別人的認可，對人不能真心地尊重，這樣，在眾人的心目中就不會有更高的威信。

低調做人是種品格，是優雅的姿態，是風度，是修養，是胸襟，是智慧，更是謀略。甚至可以說 —— 低調做人是一個管理者成就大事最基本的前提。

拉近距離，秀出你的親和力

所謂親和力，簡單地說，就是具有一種讓人想去親近你的情感魅力。對管理者而言，親和力是以自己的高尚品德和人格魅力帶動周圍的人，向周圍擴散而產生的影響力和感召力。

在管理工作中，有親和力的管理者更受下屬的歡迎，因為他讓人感覺相處起來舒服、自然，總能營造出和諧的工作環境。這個道理很簡單，渴望與人親近，追求和諧相處，是人類基本的需求。親和溫暖的威力大於嚴厲

粗暴。春天般溫暖的表情總讓人如沐春風，而冰冷刺骨的臉色只會讓人望而止步。

作為一個企業管理者，親和力非常重要，缺乏這種能力的管理者會造成上級不滿意，下屬不開心，關係緊張，工作壓力大，沒有辦法建立默契，人人處在相互隔離的狀態中，最終會導致管理跟不上，工作難順暢，凝聚力難形成，整個企業如同一盤散沙。

親和力，是人培養良好個性、求知成才、立人立業的重要條件，是交往溝通、增進友誼、構建和諧的堅強動力。它是處事的能力，是一個人在世界上、在社會中、在單位裡是如何待人接物的。

國外有些企業家十分重視員工親和力的強弱，尤其是服務業，甚至把它作為相關從業人員，特別是管理人員必備的特質，因為親和力是 EQ 的主要指標，能直接反映一個人 EQ 的高低，EQ 高的人善於情意表達，因此，良好的親和力能拉近管理者與員工之間的心理距離，最大化的管理效能和經濟效益。

很多事實證明，具有親和力的管理者最討人喜歡，他們不擺「架子」，常常「忘掉」自己的身分，和普通員工真誠交流。他們把自己的親和力逐漸變成了影響力，使員工忠誠跟隨自己。

作為索尼（Sony）的締造者和最高領導者，盛田昭夫具有非凡的親和力，他喜歡和員工接觸，經常到各個單位了解具體情況，爭取和基層員工直接溝通。稍有閒暇，他就到工廠或分店轉一轉，找機會多接觸一些員工。他希望所有的經理都能抽出一定的時間離開辦公室，到員工工作的地方去，認識、了解每一位員工，傾聽他們的意見，調整部門的工作，使員工生活在輕鬆、透明的工作環境中。

有一次，盛田昭夫在東京辦事，看時間有餘，就來到一家掛著「索尼旅行服務社」招牌的小店，對員工自我介紹說：「我來這裡打個招呼，相信你們在電視或報紙上見過我，今天讓你們看一看我的廬山真面目。」一句話逗得大家哈哈大笑。氣氛一下由緊張變得輕鬆，盛田昭夫趁機四處看一看，並和員工隨意攀談家常，有說有笑，既融洽又溫馨，盛田昭夫和員工一樣，沉浸在一片歡樂之中，並為自己是索尼公司的一員而倍感自豪。

還有一次，盛田昭夫在美國加州的帕洛奧圖市（Palo Alto）視察索尼公司旗下的研究機構，負責經理是一位美國人，他提出想和盛田昭夫拍幾張合照，不知行不行。盛田昭夫欣然應許，並說想合照的都可以過來，結果短短一個小時，盛田昭夫和三四十位員工合照，大家心滿意足。末了，盛田昭夫還對這位美籍經理說：「你這樣做很對，你真正了解索尼，索尼本來就是一個大家庭嘛。」

再有一次，盛田昭夫和太太良子到美國索尼分公司，參加成立25週年的慶祝活動，夫婦特地和全體員工一起用餐。然後，又到紐約，和當地的索尼員工歡快野餐。最後，又馬不停蹄地趕到阿拉巴馬州（Alabama）的杜森錄音帶廠，以及加州的聖地牙哥廠，和員工們一起用餐、跳舞，狂歡了半天。盛田昭夫感到很開心，很盡興，員工們也因能和總裁夫婦共度慶祝日感到榮幸和自豪。

盛田昭夫說，他喜歡這些員工，就像喜歡自己家人一樣。

依靠索尼高層管理者的親和力，使公司裡凝聚成一股強大的合作力量，並藉著這一支同心協力的隊伍 —— 他們潛心鑽研、固守職位、主動負責、維護產品品質、不為金錢追求事業，勇於開拓他鄉異國銷售版圖，先鋒霸主索尼公司才能屢戰屢勝，一步一腳印，在高科技新產品開發上，把對手一次又

一次地甩在後面。

　　從這個故事中，我們看到了一個管理者平易近人的親和力，以及這種親和力給企業帶來的凝聚力，為企業發展帶來巨大的推力。對於管理者來講，親和力實在是不可或缺的特質，它對於提升個人魅力和凝聚團隊，具有非常關鍵的影響力。

　　管理者培養親和力，應首先在「親」上下工夫。如果一個管理者一臉威嚴和冷漠，沒有笑臉，拒人於千里之外，讓人望而卻步，是不會有親和力的。只有懷抱愛心，以同情、友情、親情和熱情陶冶自我、關愛他人，互相感動、互相感染、互相影響，才能凝聚出超常的智慧和力量。其次，管理者培養親和力，還應該在「和」上做文章。一個管理者如果只有霸氣而無和氣，只有高傲而無謙和，只有尖刻而無和善，那就會成為孤家寡人，是難有作為的。所以，管理者只有溫和一些、謙和一些，才能贏得人心。

　　親和力是管理過程中一個不可或缺的因素：它貫穿整個管理過程，是協調上下屬關係的潤滑劑，是提高員工工作能力的興奮劑。作為新時代的企業管理者要用愛心、情感、智慧來醞釀、發展、壯大這種親和力，使之成為企業發展的不竭動力。

以身作則，建立榜樣

　　俗話說：「火車跑得快，全靠車頭帶。」在企業中，管理者就要有「火車頭」的作用，用自身榜樣去影響和帶動別人，使別人成為追隨者，跟著一起努力，同時鼓舞員工朝著工作的預定目標邁進，給他們追求成功的力量。

　　三國時期，曹操帶兵軍紀十分嚴明，自己也以身作則，帶頭遵守，因

29

此，他的軍隊很有戰鬥力，很快就消滅了多股強大的軍閥割據勢力，統一了中國北方。有一次，曹操率領士兵們去打仗。那時候正好是小麥快成熟的季節。曹操騎在馬上，望著一望無際的金黃色的麥浪，心裡十分高興。

正當曹操騎在馬上邊走邊想問題的時候，突然「刷啦」的一聲，從路旁的草叢裡竄出幾隻野雞，從曹操的馬頭上飛過。曹操的馬沒有防備，被這突如其來的情況嚇到了。牠嘶叫著狂奔起來，跑進了附近的麥田。等到曹操好不容易勒住了驚馬，地裡的麥子已經被踩倒了一大片。 看到眼前的情景，曹操把執法官叫了來，十分認真地對他說：「今天，我的馬踩壞了麥田，違犯了軍紀，請你按照軍法給我治罪吧！」 聽了曹操的話，執法官左右為難。按照曹操制定的軍紀，踩壞了莊稼，是要治死罪的。可是，曹操是主帥，軍紀也是他制定的，怎麼能治他的罪呢？想到這，執法官對曹操說：「丞相，按照古制，刑不上大夫，您是不必領罪的。」

「這怎麼能行？」曹操說，「如果大夫以上的高官都可以不受法令的約束，那法令還有什麼用處？何況這糟蹋了莊稼要治死罪的軍令是我下的，如果我自己不執行，怎麼能讓將士們去執行呢？」「這……」執法官遲疑了一下，又說：「丞相，您的馬是受到驚嚇才衝入麥田的，並不是您有意違犯軍紀，踩壞莊稼的，我看還是免於處罰吧！」「不！你的理不通。軍令就是軍令，不能分什麼有意無意，如果大家違犯了軍紀，都去找一些理由來免於處罰，那軍令不就成了一紙空文了嗎？軍紀人人都得遵守，我怎麼能例外呢？」 執法官頭上冒出了汗，他想了想又說：「丞相，您是全軍的主帥，如果按軍令從事，那誰來指揮打仗呢？再說，朝廷不能沒有丞相，老百姓也不能沒有您呐！」眾將官見執法官這樣說，也紛紛上前哀求，請曹操不要處罰自己。

曹操見大家求情，沉思了一會說：「我是主帥，治死罪是不適宜。不過，

不治死罪，也要治罪，那就用我的頭髮來代替我的首級（即腦袋）吧！」說完他拔出了寶劍，割下了自己的一把頭髮。

曹操「割髮代首」，展現了管理者的自律，落實法制，驗證「以身作則，為人典範」的領導鐵則。正所謂：其身正，不令而行；其身不正，雖令不從。管理者只有嚴格對待己身，以身作則，才能為人表率。

正人先正己，做事先做人。管理者要想管好下屬必須以身作則，言行一致，表裡如一，要求別人做到的，自己必須首先做到，要求別人不做的，自己必須首先不做。比如說，要求員工遵守時間，管理者首先要做出榜樣；要求下屬對自己的行為負責，管理者也必須明白自己的職責，並對自己的行為負責。只有以身作則的管理者，才能讓屬下也跟著自動自發，並影響他們朝著好的方向發展。管理者自己做不到就不要求下屬去做；要求下屬改掉壞毛病之前，要先改掉自己的壞習慣。

從前有一個宰相，他的妻子非常重視對兒子的教育，每天不辭勞苦地勸告兒子要努力讀書，要做個有禮貌、講信用、忠於國君的人。而宰相卻從來不勸告兒子，他只是早上離開家去上朝，晚上回來在書房裡看書。愛子心切的夫人終於忍不住對丈夫說：「你別每天只顧著你的公事和看書，你也該好好地管教管教你的兒子啊！」宰相拿著書本，眼也不抬地對夫人說：「我時時刻刻都在教育兒子啊！」

身教重於言教，榜樣的力量是無窮的。行為有時比語言更重要，管理者的力量，往往不是由語言，而是由行為動作展現出來的。在一個組織裡，管理者是眾人的榜樣，一言一行都被眾人看在眼裡，只要懂得以身作則來影響下屬，管理起來就會得心應手。

日本著名企業家士光敏夫的「以身作則」精神，已經成為企業家激勵員

工的典範。他說：「員工要三倍努力，老闆要十倍努力；員工學習的是上司的行動，上司對工作的全身心投入是對員工最好的激勵。」士光敏夫不僅這樣說，也這樣做了。

1965 年 5 月，東芝電氣公司（Toshiba）業績慘澹，瀕臨倒閉，68 歲的士光敏夫被請出山，出任東芝電氣公司經理。當時，東芝公司的作風華而不實，奢侈成風。經理室及部門主管辦公室都備有專用浴室與廚房，而且還僱了專職廚師。士光敏夫第一天到任就拒絕了經理食堂的菜肴，他說：不是有普通員工食堂嗎？從那兒拿飯就可以了。他決定拆除各階層幹部的專用廚房設備，把經理的專職祕書調走，經理祕書由其他祕書兼任。這些行動震動了東芝公司每一個員工，員工議論紛紛，說現在跟以前的「東芝」不一樣啦！

士光敏夫用自己的言行教育了每一位員工，有了這樣的以身作則的管理者，員工更有幹勁，企業越來越有活力。

對於管理者而言，不但要作到以理教人，更重要的是要做到以身示人、以德服人，靠身體力行、以身作則來教育員工，這樣才能有良好的效果。

三洋公司（SANLUX）的總裁井植薰以身作則，可謂榜樣的典範。1969 年，井植薰接替了三洋的董事長和總經理職位，他從來不為自己格外制定標準，要求別人做到的，他自己首先做到。公司的規矩制度也極力遵守，從不縱容自己越軌。例如當時三洋公司當時推出力戒「去向不明」政策，井植薰就帶頭遵守。當時還沒有手機等先進的通訊設備，一旦有什麼緊急的事情要找人，而他不在公司又不在家，沒人知道他的去向時，往往會誤大事。所以，針對這一情況，井植薰要求所有人員外出，必須讓公司知道。井植薰每次外出，必定讓公司某人知道他的去處，即使是私事也不例外。這樣，這項制度，就在當時的三洋公司推行，全體員工沒有任何怨言。

　　井植薰常說：「不能製造優秀的自己，怎麼談得上製造優秀的人才。優秀的領導人才能製造出優秀的人，再有優秀的人去製造優秀的商品、更優秀的自己和更優秀的他人，就是三洋的特色。」井植薰要求員工盡力為公司考慮，他認為，如果一個員工下班後一步跨出公司就只過自己喜歡的生活，那他一輩子也不可能被提到重要的職位上。員工應該站在更高層次來要求自己，完善自己。這一點，井植薰也是從自己開始做起。對於他來說，一天除了睡覺之外，其餘都在考慮公司的事情。

　　井植薰在教導部屬「如何做」時，總是先要求自己能率先做到，正像他在一次演講中所說的那樣：「領導者如果以為公司的規則，只是為普通員工制定的話，那就大錯特錯了。它應該是公司全部的人都必須遵守的規矩，包括部門經理、總經理、公司總裁、董事長等等高層領導人。如果以為自己是高層管理人，下面的事有人代替去做，就以為遲到幾十分鐘無關緊要，那是絕對行不通的。大家都聽過『上行下效』吧？前面有榜樣，後面就有跟隨者。這種模仿，長久下來便會造成公司上下的懶散作風，這足以讓一個前景大好的公司面臨失敗的深淵。」

　　有一次，一位記者問他：「您現在年事已高，還以身作則，會不會太累？」

　　井植薰回答道：「再累也得堅持啊！不以身作則，對部屬就不可能有號召力和感染力。我作為三洋的董事長、總經理，在國內有 7 萬雙眼睛盯著我看，大家都在注視我的行為，我必須得謹言慎行，不能有半點失誤。」

　　在企業中，管理者要注重自己在組織中的榜樣作用，要清楚自己作為公司或部門的負責人，一舉一動都會受到所有員工的關注，都會影響到員工的積極性及言行。如果管理者能夠率先示範，能以身作則地努力工作，那麼這

種熱情和精神就會影響其下屬，讓大家都形成積極向上的態度，形成熱情的工作氛圍。可以說，管理者的榜樣具有強大的感染力和影響力，是一種無聲的命令、最好的示範，對部下的行動是一種極大的激勵。

正視錯誤，承擔責任

聽過一個笑話：

有一個牙科醫生，第一次幫病人拔牙，非常緊張。他剛把牙齒拔下來，不料手一抖沒有夾住，牙齒掉進了病人的喉嚨。

「非常抱歉，」醫生說，「你的病已不在我的職責範圍之內了，你應該去找喉科醫生。」

當這個病人找到喉科醫生時，他的牙齒掉得更深了。喉科醫生給病人做了檢查。

「非常抱歉，」醫生說，「你的病已不在我的職責範圍之內了，你應該去找胃病專家。」

胃病專家用 X 光為病人檢查後說：「非常抱歉，牙齒已掉到你的腸子裡了，你應該去找腸病專家。」

腸病專家同樣做了 X 光檢查後說：「非常抱歉，牙齒不在腸子裡，它肯定掉到更深的地方了，你應該去找肛門科專家。」

最後，病人趴在檢查臺上，擺出一個屁股朝天的姿勢，醫生用內視鏡檢查了一番，然後吃驚地叫道：

「天哪！你這裡長了顆牙齒，應該去找牙科醫生。」

這個故事聽起來讓人哭笑不得，但卻是我們社會存在的現象，我們每個

人都承擔著一定的責任，有許多人，之所以一生一事無成，皆因為缺乏承擔責任的精神，常常以自由享樂、消極散漫、不負責任、不受拘束的態度對待自己的工作和生活。如果將自己本該承擔的責任推給別人，最終結果只能是一事無成，無可避免的淪為工作和生活的失敗者。

在工作過程中，總會出現一些不可避免的錯誤，作為管理者理應勇於承擔責任，從中吸取教訓，避免下次再犯。但現實工作中，一提到責任追究，有些管理者就會不由自主緊張起來，原因就是怕自己承擔責任或者受到牽連而有所不利。很多管理者處理危機能力和擔當意識不強，推脫責任的能力倒是很強，事情搞砸了，很習慣性地在上司面前說這件事是下屬某某做的，他沒有按我的意思做，我原本要求他怎樣的，他自作聰明等等。這種管理者已經習慣將責任推得一乾二淨。久而久之，下屬便會人心渙散，離他而去。而在睿智的上司眼裡，你同樣是一位不合格的管理者。

某公司的主要業務是幫助企業辦理各種展覽，某年年底他們在臺北舉辦一場答謝客戶的慶祝活動。因為總部不在臺北，所以鄧經理部門的 5 個人都被抓去做機動人員，趕到臺北參與籌備工作。幾個人沒日沒夜加班工作，非常辛苦。

慶祝活動開始前的兩個小時，鄧經理陪同老闆來到會場視察。精明的老闆還是在會場上發現了一些問題，例如活動的背板不漂亮，室內空調的溫度太高等等。鄧經理跟老闆說：「抱歉，我一直不在臺北，沒想到他們會搞成這樣。」老闆聽完後，只講了一句話：「鄧經理，我白請你了，如果今天都是他們的錯，你在幹什麼？」

慶祝活動結束後，老闆便將鄧經理開除了。回到公司總部，老闆召開了一次管理層的管理會議，他發言說「我警告我們公司的管理者們，如果有誰

35

說『那不是我的錯，而是他（其他的同事）的責任』之類的話被我聽到，我就立刻把他給開除。這種人顯然對我們公司沒有足夠的專注與忠誠，就好比你站在那兒，眼睜睜地看著一個醉鬼坐進車子裡開車，或任何一個沒有穿救生衣的小孩單獨在海邊玩耍。也許你有權決定你個人的行動權，可是我不會容許這種事情在公司內部發生，在這裡任何有損公司利益的事情一旦發生，所有的人都有不可推卸的責任。不論是不是你的工作範圍，只要是關係到公司的直接利益，都要毫不猶豫去保護，這樣的領導者才是肯負責的，也是我需要的人。」

管理者是什麼？對此的詮釋眾說紛紜，但是有一點是肯定的：管理者就是責任者！

古人云：「在其位，謀其政；司其職，負其責。」作為管理者，不管你的許可權範圍有多大，管理者都應該在自己的許可權範圍內，承擔起相應的、最大的管理責任。管理者勇於承擔責任，這既是一項原則，更是領導魅力和藝術的展現。一個遇事推諉，做事前「拍桌子」定奪，出事後「拍屁股」閃人，見功就上，見過就躲的管理者無疑會失去民心。反之，一個善於承擔責任的管理者，肯定是一個值得信賴的領導，以德服人才會得民心，煥發出不竭的凝聚力。

很多時候，權力與責任是成正比的，你能承擔多少責任，才能擁有多少權力，如果，管理者手中握有的全力和肩上擔負的責任，不成比例，那麼這個管理者，很難說是一個合格的管理者。因此，管理者在享受權力的同時，必須勇於承擔責任。

小剛是一家公司的採購經理。有一次，他發現自己犯下了一個很大的會計錯誤。有一條對零售採購商至關重要的規則是「不可以超支你帳戶中的存

款」。如果你的帳戶上不再有錢，你就不能購進新的商品，直到你重新把帳戶填滿 —— 而這通常要等到下一次採購季。

那次正常的採購完畢之後，一位日本商販向小剛展示了一款極其漂亮的新式手提包。可是這時小剛可動用帳戶已經見底。他知道他應該提早備下一筆應急款，好抓住這種叫人始料未及的機會。此時他知道自己只有兩種選擇：放棄這筆交易，而這筆交易對公司來說肯定會有利可圖；或是向公司老闆承認自己所犯的錯誤，並請求追加撥款。正當小剛坐在辦公室裡苦思時，公司老闆碰巧來訪。小剛馬上對他說：「我遇到麻煩了，我犯了個大錯。」他接著解釋了所發生的一切。

雖然公司老闆不是個喜歡大手大腳地花錢的人，但他深為小剛的坦誠所感動，很快撥來小剛所需款項，手提包一上市，果然深受顧客歡迎，賣得非常好。而小剛也從超支帳戶存款一事汲取了教訓。更重要的是，他明白：一旦發現自己陷入事業上的深谷，怎樣爬出來比如何跌進去更加重要。

面對犯錯的最佳對策是誠懇地承認錯誤，勇敢地承擔責任，並積極地尋求補救的辦法。推卸責任或避而不談，只能適得其反。如果管理者只是顧全面子，不敢承擔責任的話，那最後吃虧的只能是你自己。所以，發現錯誤的時候，管理者不要有消極逃避的心態。而是應該想一想自己應怎樣做才能最大程度地彌補過錯。只要你能以正確的態度對待它，勇於承擔責任，錯誤不僅不會成為你發展的障礙，反而會成為你向前的推進器，促使你不斷地、更快地成長。

第一章　鋼鐵實力，魅力處事—想打鐵要先有把硬錘子

第二章　建立威信，權威處事 ──
別讓權威打折扣

　　權威是種力量，是權力和人格的聚合。權威不是權力，權力是你領導和管理某一團隊的資格證明，而權威則是領導和管理好一個團隊的保證。管理者獲得權威，有來自職位權力的因素，但更多的卻是以自己的實踐去建立良好的個人形象。成功的管理者必定是那些具有無窮魅力、高度權威的人。他們以強勁的號召力和吸引力，令其屬下肅然起敬並忠誠不移。

權威是管理者成功的關鍵

有一個故事：

著名化學家在為學生們講課，講臺上放著一個瓶子，他對學生們說：「這個瓶子裡裝著有臭味的氣體，我想測驗一下這種臭氣的傳播速度，等等當我將瓶蓋打開後，誰聞到了臭味，誰就舉手。」說完，化學家打開了瓶蓋。15秒過後，前排學生舉起了手，稱自己聞到臭氣，隨後排的人也陸續舉手，紛紛稱自己也已聞到臭味。最後，化學家笑著對學生們說：「其實瓶中什麼也沒有。」學生們愕然了。

這故事揭示了一個社會現象 —— 權威效應。如果一個人地位高，有威信，受人敬重，那麼他所說的話容易被別人重視，並被人們相信，即「人微言輕、人貴言重」。

同樣的道理，在企業團隊管理中，作為一個管理者，就應該有自己的權威，以自己的言行積極影響周圍人和下屬的行為，以此形成自己非凡的影響力。

所謂「權威」，是指管理者在組織中的威信、威望，是使被管理者信任和服從的一種強大的號召力，是強大的吸引力和非凡的影響力。

在一個單位中，管理者的威望和影響力非常重要。管理者要建立威信，是因為管理者不同於眾人。普通大眾只要做好自己的事就可以，不用借助威信去帶領別人做什麼。而管理者不然，管理者不建立威信，就無法成為「領頭羊」，無法靠著眾人取得成功。

1870 年 3 月 17 日夜晚，法國最漂亮的郵輪之一「諾曼第」號，載著船員和乘客在從南安普敦到格恩西島的航線上行駛。凌晨 4 點，它被全速行駛

的重載大輪船「瑪麗」號在側舷上撞了個大洞，迅速下沉。頓時，人們驚慌失措地湧向甲板。這時，船長哈爾威鎮靜地站在指揮臺上說：「全體安靜，注意聽命令！把救生艇放下去，婦女先走，其他乘客跟上，船員斷後，必須把至少 60 人救出去！」船長威嚴的聲音，穩定了人們的情緒，當大副報告「再有 20 分鐘船將沉沒海底」時，他說：「夠了！」並再一次命令：「哪個男人敢跑在女人的前面，就開槍打死他！」於是，沒有一個男人搶在女人前面，更沒有一個人「趁火打劫」，一切都進行得井然有序。在生死關頭，人們很可能不大會服從船長的命令的，而正是船長的威信使局面得以控制。在他要搶救的 60 人中，竟把他自己排除在外！他自己一個手勢沒做，一句話沒說，隨船沉入了大海。這就是權力所無法比擬的威信的力量。

作為管理人員，在工作中最希望看到的事情就是下屬承認自己的地位，樂於接受自己的指令，並遵照執行。在這樣的過程中，所展現出來的就是管理者的領導權威。

管理者是一個團隊中的「領頭羊」，是追隨者的引航人。在工作中，管理者應重視「個人影響力」，成為具有一定權威的管理者，憑藉強勁的號召力，凝聚起一個團隊的力量，使得整個團隊無堅不摧、無往不利。

權威不是法定的，不能靠別人授權。權威雖然與職位有一定的關係，但主要取決於管理者個人的特質、思考、知識、能力；取決於同團隊人員的共鳴，感情的溝通；取決於相互之間的理解、信賴與支持。這種「影響力」一旦形成，各種人才和廣大員工都會吸引到管理者周圍，心悅誠服地接受管理者的引導和指揮，從而產生巨大的力量。

權威是以服從為前提的支配力量。作為管理者，一定要建立起自己的絕對權威，因為一個沒有威信的領導者，就不能有效的駕馭下屬，也根本不可

能帶領自己的團隊走向成功。

有一則故事：

有一位新縣官，上任 3 個月後問他的幕僚：「你看我的威望比前任高嗎？」那個幕僚難堪地搖搖頭，沒有說話，於是這個縣官第二天就主動辭職了。

管理者權威的核心是威望。當「官」沒有威信，還不如不當，管理者只有建立威信才能夠有所作為。

《辭海》說，「有威則可畏，有信則樂從，凡欲服人者，必兼具威信」。威信是一種大品格、大誠信、大能力、大智慧、大勇氣。在企業內部，威信主要由專業專長、從業經歷、工作績效及人格魅力構成。它不是靠權力去管理，而是以人格魅力的影響來構築管理者威信。

漢朝的飛將軍李廣，不善言辭，不會用語言對將士讚揚、激勵，卻訓練出了一支精壯的部隊，其奧祕就在於以身作則，以達到「其身正，不令而行」的效果。李廣為人十分廉潔，立了功得了賞賜就分給大家共同享用，身為將軍 40 年，至死身無餘物。在荒漠缺水處行軍時，一旦發現水源，總是讓手下將士們先喝個夠，否則他一滴也不喝；他平時愛和部下一起吃飯，每次都是等士兵們吃飽了，他最後才吃。每次征戰，李廣總是甘冒矢石，身先士卒。因此，將士們都很敬愛他，願意在他的部下效力，即便戰死也沒有怨言。

李廣正是從作戰到生活都處處以身作則。於是得到部屬的一致擁護，從而建立很高的威信。所以說，管理者要想說得使人信服，就需要做得讓人佩服，以自己的實際行動影響、感召。

有人用「領導＝實力＋威信」來概括單位或部門領導的特徵，突出了實

力與威信是構成領導能力的要素。成功的管理者，是因為他具有99%的個人威信和1%的權力行使。這種領導者的感召下，一批人甘願為工作單位或部門辛勤付出；為設定的目標衝鋒陷陣，毫不保留地奉獻他所有的才智，使出渾身解數。這樣的管理者其實就是把威信發揮到極致。一個人之所以為他的領導或組織賣力工作，絕大多數的原因，是領導擁有個人威信，像磁鐵般征服了大家的心，激勵大家勇往直前。

總之，作為一個管理者，你的威信如何，對事業的成敗至關重要。一個管理者，要有效地實現管理目標，不但要有權力，而且更需要德才兼備，以德服眾，才能建立起自己的威信，從而一呼百應。

以理服人，威信自生

處事最看重的是一個理字，講究以理服人。俗話說：「有理走遍天下，無理寸步難行。」做什麼事都要以理服人。對管理者來說更是如此。如果不是以理服人，而是強迫命令、硬性推進、強詞奪理。久而久之，領導威信降低了，上下級關係淡漠了，本來很好解決的事情變得複雜，甚至導致矛盾，工作難以進行。所以，一個好的管理者要以理服人，以情動人，建立威信贏得團隊信任。要知道「以理服人，威信自生；以勢壓人，無威無信」。

畢業於化工系的小劉，進入老趙的電器公司後被分配到電池廠，按規定生產技術人員必須到第一線實習，整天跟黑鉛錳粉打交道，渾身黑乎乎的。

小劉進廠的第三天，老趙來電池廠巡視。小劉見門外進來一個穿禮服的紳士，立即跑過去把他攔住，問道：「請問你有公司開的參觀證嗎？」

老趙心想我是老闆，還要什麼參觀證，說「沒有。」小劉把雙臂一展，

毫不客氣道：「那就對不起，不能進去。」

「我是……」

「你是皇帝都不能進去！」小劉打斷老趙的話，說：「我們老闆趙先生有規定，沒有公司的參觀證，任何人都不得進來！」

這時保全慌忙趕過來，讓老趙進去。老趙見了廠長阿余說：「有個很特別的屬下，大概是新來的吧，打死不讓我進來，真是個人物。」這件事給老趙的印象很深，他認為小劉是個可造之才，原則性很強。所以於阿余每次去匯報工作，老趙都要問問小劉的情況。

過了一段時間，電池廠要蓋倉庫，由於老趙的堅持，決定採用木結構。阿余把設計任務交給小劉，小劉說：「我是學電子的。」阿余說：「我是操作工人，現在不是在做廠長嗎？」

小劉學過普通力學，經過計算，需增加四根柱子才能有安全係數。其他的就沒有多作考慮。倉庫落成那天，老趙看見中間豎有四根柱子，非常不滿，先罵了阿余一頓，然後又把小劉叫進去。

剛開始小劉的心理不服，到後來小劉終於明白了。老趙的意思是，他不知道要立柱子才堅持用木結構，而小劉明知要立柱子卻不敢堅持鋼筋結構。阿余自己不懂，才找小劉來幫忙，而小劉明知不好，卻偏偏要這麼設計，這才是讓老趙生氣的原因。

小劉後來回憶：「我就這樣被訓斥了整整 9 個小時，從下午三四點，到深夜 12 點，連晚飯都沒吃。我心裡想：這老傢伙，去你的！可後來聽懂了總裁的意思，才明白確實是自己的錯。」

小劉後來成為技術部的負責人。他的成長，與老趙的「鍛鍊」有很大的

關係。不僅對普通的下屬，對公司的管理人員，老趙也會讓他們明白道理，從而讓大家心服口服。

工作中，管理者要避免壓迫服從，而應藉由說理，以理服人，以情感人，讓被管理者在愉快中接受指令或責備。特別是當底下員工犯錯時，股臉者責備教導的時候宜以理服人，擺事實，講道理。如果一味地挖苦汗蔑，或者以對方的缺陷為笑柄，過分地傷害人的自尊，就會適得其反。而對方一旦牴觸，就很可能以其人之道還治其人之身，這樣就有可能為日後埋藏更大的隱患及帶來更多的傷害和損失。

被奉為「經營之神」的日本企業家松下幸之助說過：「任何人難免犯錯誤，即使是一些職務很高的人也不例外。對於我們公司幹部的過錯，我絕不會視而不見，對他們採取姑息寬容的態度。相反，我要提出書面檢討，提醒他們改正錯誤。」松下幸之助在員工面前恩威並施，他訓導人時，雖然口氣嚴厲，脾氣暴躁，但從來都是以理服人。

有一次，松下幸之助手下的幹部犯了錯，他把該幹部叫來，對他說：「我對你的做法提出書面檢討。當然，如果你對我的批評毫不在乎，那麼，我們的談話就到此為止；如果你對此不滿，認為這樣太過分了，你受不了，我可以作罷；如果你口服心服，真心實意地認為我說的確有道理，那麼，雖然這種做法會使你付出一定代價，但它對你仍然是值得的。你深刻地反省，會逐漸成為一名出類拔萃的幹部。請你考慮一下。」

聽了松下幸之助的話，那個幹部說：「我都明白了。」

松下幸之助又問：「是真的明白了嗎？是從心底裡歡迎批評嗎？」

他答道：「的確這樣想。」

接著松下幸之助說：「這太好了。我會十分高興地向你提出建議。」

正當他要將檢討書交給那個幹部時，那個幹部的同事和上級來了。松下幸之助說：「你們來得正好，我寫了批評他的檢討書，現在讓他讀給你們聽聽。」

那個幹部讀完檢討書後，松下幸之助對他們說：「你們很幸運。如果能夠有人這樣向我提出建議，我會感到由衷地高興。但是，假如我做錯了事，恐怕你們只會在背地裡議論，絕對不會當面批評我。那麼，我勢必會在不知不覺之中重犯錯誤。職位越高，接受建議的機會就越少。你們的幸運就在於，有我和其他上級監督你們、檢討你們。而這種機會對我來說是求之不得的。」

松下幸之助責備人的方式，委婉含蓄、合乎情理，那位員工才會很愉快地接受。然而很多管理者，一遇到下屬有問題，不管事情的緣由，總是擺出管理者的架子，像家長訓孩子一樣，先把員工教訓一通再說，不給員工任何闡述理由的機會，也不管員工是不是口服心服，這樣很容易使員工和管理者處於一種對立的狀態，使得上下屬之間的關係惡化，使管理者的形象受損，同時也使公司的管理品質大打折扣。

有句話說得好，「要想讓下屬對你心服口服，最好的武器就是威信。」只要把說話有理，以理服人、以情動人，這就是最好的妙招。管理者講明白道理，下屬自然而然地信服你，他們當然會對你唯命是從，忠心耿耿，絕不會心懷異志。這樣領導威信就會建立於無形之中。

淡化權力，強化權威

管理的最終目的是要落實到員工對管理者，或下屬對上司的服從。這種領導服從關係可以來自權利和權威兩個方面。一種是管理者地位高，權力大，誰不服從就會受到制裁，這種服從來自權力；另一種是管理者的德行、氣質、智慧、知識、和經驗等人格魅力，使員工自覺服從，這種服從來自於權威。一個企業的管理者要成功的管理自己的員工，特別是管理比自己優秀的員工，人格魅力形成要比行政權力更重要。

但現實生活中，有一些管理者往往以權壓人，對員工頤指氣使，他們錯誤的認為，讓人怕就是威望。事實上「怕」和威望是兩碼事。比如，在一個團隊裡，下屬因為「怕」管理者而去執行某項任務，就會產生應付或敷衍的心態；如果把管理者的「恐怖程度」再加強，後果是可想而知的。所以最成功的威望不是用權力去嚇唬員工，而應保持個人形象，建立威信。

李經理是某集團公司的分公司經理，脾氣相當暴躁。據他手下的員工講，他們經常能聽到李經理在辦公室大發雷霆的情形，動輒揚言要把某某開除，一開始大家都很害怕，做事都很小心謹慎。但後來大家漸漸發現發脾氣只不過是李經理的「日常工作習慣」而已，並不能產生什麼實質變革，於是大家繼續我行我素。李經理看到這種沒把他放在眼裡的情形當然會更生氣，於是便惱羞成怒發更大的脾氣。就這樣，大家漸漸地都已經習以為常了，感覺李經理髮一發脾氣只不過是為了證明他的存在和彰顯他的地位，並沒有什麼實際作用。真正有哪一天他不發脾氣了，大家反倒感覺很奇怪。

可見，很多時候，一個人的威信和威望不是「喊」出來的，而是靠自身的品格和良好的形象塑造出來的。尤其是管理者，更不能把手中的權力變成

建立個人威信的工具。

有一個關於太陽和風的寓言故事：

一天，太陽和風爭論誰更強而有力。風說：「我來證明我的力量。看到那一個穿著大衣的老頭嗎？我打賭我能比你更快使他脫掉大衣。」

於是太陽躲到雲後，風就開始吹起來，愈吹愈大，如同一場颶風。但是風吹得愈急，老人愈把大衣緊裹在身上。

終於，風平息下來，放棄了。太陽從雲後面露面，開始以它溫柔的微笑照著老人。不久，老人開始擦汗，脫掉了大衣。太陽對風說：「溫柔和友善總是要比憤怒和暴力更強更有力。」

這個故事說明，僅僅依靠權力，雖然令人生畏，但也會使人極力反抗，即使人們敢怒不敢言，也難叫人心服口服。而親和友善的魅力則使人自動解除情緒的武裝，而誠心歸順。權力顯然無法與魅力一較高下。

作為一個好的管理者，建立威信不是讓人「怕」，而是用親和力和凝聚力影響他人，讓人在你的無聲浸潤中覺得你比他強，能力比他高，他才會心服口服，在他的心目中你才是一個有威信的人。

有個小故事非常經典：

有個總裁喜歡講笑話，他一講笑話，公司裡的人就樂得哈哈大笑，有一天，這個總裁又在公司裡講笑話，大家又樂得哈哈大笑。忽然他發現有個員工面無表情，就點他的名問：「哎！你怎麼不笑啊？」那員工只冷冷回敬了一句：「我明天就走了。」

在今天，「管理者」一詞被賦予的內涵從來沒有如此豐富過，它已不再是人們心目中強硬的鐵腕象徵。「權力」依附於影響、支援、信任、實現目標

等諸多要素而發揮作用。如果說傳統意義上的管理者主要依靠權力，那麼現代觀點認為，管理者更多的是靠其內在的影響力。一個成功的管理者已不再是指身居何等高位，而是看你是否擁有一大批追隨者和擁護者，並且使組織群體取得良好的成績。可以說，管理者的影響力已成為衡量成功管理者的重要指標。

管理的過程不再是簡單的命令與執行，而是一種將組織與個人的潛力釋放的催化過程。其任務是去發現、發展、發揮、豐富和整合團隊與個人業已存在的潛力。布蘭查德說，「今日，真正的領導權來自影響力」，權力必須靠管理者自己爭取，除非下屬賦予你權力，否則你根本無法指揮他們。

一個「權力萬能論」的信奉者，不久就會發現，單純的權力是不可能讓團隊持續成長與發展。所以，管理者要讓下屬真正的服從自己，必須要淡化權力而強化權威。不要因為職位高一點就利用手中的權力壓自己的下屬或隨意的制裁那些不服從的下屬，這樣只會造成員工當面服從背後卻另外一套。要讓下屬心服口服，就得善待他們，「曉之以理，動之以情」，在下屬的心目中建立威信，使下屬服從領導者的權威而不是服從權力。

以德立威，方能眾望所歸

所謂「德高望重」，優秀品德和高風亮節，是管理者建立威信的第一要素。管理者想建立權威必須要明白，威信的底蘊來自於道德和才能。威信與個人特有的德才密切相關。人格、能力、經驗以及所控制資訊都是形成個人威信必不可少的條件，這些條件能夠使當事者對某些後果產生影響從而增加他們的控制能力。成功的管理者總是能夠利用任何的機會和場合來擴大自己的個人威信，他們知道在任何時候，沒有威信、不能影響別人的人，是永遠

不會贏得別人信賴的，而得不到別人信賴的人是不可能把事情辦成辦好的。

楚莊王繼任後，為了使國家迅速強大起來，便多方徵求大臣們的意見。

一天，楚莊王問大臣詹何：「這麼大一個國家要治理，你有什麼好的辦法？」

詹何回答說：「我只懂得修身養性，不知道怎樣治理國家。」

楚莊王見詹何閃爍其詞，以為他有什麼顧慮而沒直說，便很有誠意地說：「我徵詢你的意見，是為了把國家治理好，我很想聽到你的真知灼見，請你相信我。」

詹何於是說：「我沒有聽見君王品德高尚，而國家治理不好的事，也沒有聽說過君王品德敗壞而把國家治理得很好的事。因此，我覺得，能不能把國家治理好，其根本在於君王自身的品德，君王是全國上下的楷模與榜樣啊！至於其他方面，都取決於這一點，也就沒有再去說的必要呀！」

楚莊王一聽，一陣驚喜，他說：「詹何呀，你的這番話讓我茅塞頓開，我終於明白怎樣治理國家了。」

德是事業之基。小成功靠智慧，大成功靠品德，要追求可持續發展，管理者要做到以德服眾，「己所不欲，勿施於人」，「己欲立而立人，己欲達而達人」，這樣才能讓員工心悅誠服地與企業共同奮鬥，並贏得社會和公眾對企業的認同。

良好的品德是做人之本，它能散發出一種自然魅力，是種讓人在不知不覺中被影響的力量。管理者能做到心正、言正、行正、身正，正氣凜然，才會贏得敬重，才能成為員工信賴的對象。

管理者的品德，既關係到有效做人的問題，又關係到高效管理的問題。

對一個管理者的特質要求很多，但品德始終排在首位，它是形成號召力、增強影響力、產生人格魅力的基礎。一個管理者有高尚的品德，下屬就自然會愛慕你、敬佩你、信賴你，自然就會願意為你做事，用不著三令五申，也用不著大聲呵斥，它是一種「無言的號令」。無論是管理國家還是管理下屬，品德高尚是成功之本。

春秋戰國時期，秦穆公是秦國的一代仁義之君。他曾經為了向東擴張勢力，派三員大將帶兵偷襲鄭國。由於鄭國離秦國較遠，當時秦國的謀士蹇叔勸秦王說：「長途奔涉，士兵們肯定在未到鄭國時就已疲憊不堪，況且，浩浩蕩蕩大軍去偷襲，鄭國又怎能沒有準備呢？」

秦穆公不聽蹇叔的意見，要堅決進攻鄭國。蹇叔於是嚎啕大哭，因為他已料到秦國必敗，而他的兒子正是三員出征大將之中的。

果然，鄭國大商人弦高在途中遇到秦軍，當他得知秦軍要攻打鄭國時，一面找人急速報於鄭國，一面犒勞秦軍，並對他們說：「你們三路大軍奔波這麼遠，浩浩蕩蕩，影響那麼大，鄭國早有準備了，你們恐怕不可能偷襲成功。」

秦軍三員大將覺得弦高說的言之有理，以疲憊之師去攻打以逸待勞的鄭國，肯定會損失慘重，於是，開始撤退。但是在歸途中，卻遭到晉軍的偷襲，結果秦軍全軍覆沒，三員大將也被俘虜了。

當秦國三員大將歷經千險萬阻，逃命回到秦國時，秦穆公披著縞素（喪服），到郊外三十里迎接他們，哭著說：「委屈你們了，這一切都是我的過錯啊！我不該不聽蹇叔的話，而堅決讓你們進攻。你們哪有罪啊？」

秦穆公勇於承認自己的錯誤，正是一代仁君風範的表現。他這樣做絲毫

無損於他的威信，相反，卻讓他的將士們更加信服他，更加願意為他效勞。

以德立威，是形成領導力的核心祕密。即是用自己的高尚寬厚的人格感化對方，使其心甘情願地服從自己。古語云：「服人者，以德服為上，才服為中，力服為下。」如果說「力服」靠的是權勢的力量，「才服」靠的是智慧的力量，那麼「德服」靠的就是人格的力量。如果說以力服人者證明自己有權，以才服人者證明自己更高明的話，那麼以德服人者，則證明他的高尚寬厚是值得信賴的。這就是「以德立威」的真諦。

令出如山，令行禁止

據《左傳》記載：

孫武帶著自己的著作去見吳王闔閭，與他談論帶兵打仗之事，說得頭頭是道。吳王認為，紙上談兵沒用。便出了個難題考驗他，讓孫武替他操練姬妃宮女。孫武挑選了一百個宮女，讓吳王的兩個寵姬擔任隊長。

孫武將列隊操練的要領講得清清楚楚，但正式喊口令時，這些女人笑作一堆，亂作一團，誰也不聽他的。孫武再次講解，並要兩個隊長以身作則。但他一喊口令，宮女們還是不在乎，兩個當隊長的寵姬更是笑彎了腰。孫武嚴厲地說道：「這裡是演武場，不是王宮；妳們現在是軍人，不是宮女；我的口令就是軍令，不是玩笑。妳們不按口令操練，兩個隊長帶頭不聽指揮，這就是公然違反軍法，理當斬首！」說完，便叫武士將兩個寵姬殺了。

場上頓時肅靜，宮女們嚇得誰也不敢出聲，當孫武再喊口令時，她們步調整齊，動作劃一，真正成了訓練有素的軍人。孫武派人請吳王來檢閱，吳王正為失去兩個寵姬而惋惜，沒有心思來看宮女操練，只是派人告訴孫武：

「先生的帶兵之道我已領教，由你指揮的軍隊一定紀律嚴明，能打勝仗。」孫武沒有說什麼廢話，而是從立信出發，換得了軍紀森嚴、令出必行的效果。

一個好將領如果軍紀不嚴明的話，就無威信可言，更不可能帶出好的士兵；同樣，如果作為一個管理者，對於紀律和承諾，如果只是說說，而不以身作則的去執行的話，那也就沒有威信可言了。連威信都沒有的領導者，又怎麼有資本去領導他的下屬？

三國時代的諸葛亮與司馬懿在街亭對戰，諸葛亮手下大將馬謖自告奮勇要出兵守街亭，諸葛亮心中雖擔心，但馬謖表示願立軍令狀，若失敗就處死全家，諸葛亮才勉強同意他出兵，並指派王平將軍隨行，並交代在安置完營寨後須立刻回報，有事要與王平商量，馬謖一一答應。可是軍隊到了街亭，馬謖執意紮兵在山上，完全不聽王平的建議，而且沒有遵守約定將安營的陣圖送回本部。等到司馬懿派兵進攻街亭，圍兵在山下切斷糧食及水的供應，使得馬謖兵敗如山倒，重要據點街亭失守。事後諸葛亮為維持軍紀而揮淚斬馬謖，並自請處分降職三等。

紀律就是組織的生命線，任何違反的人都要受到懲罰，而不論他曾經做出過多大的貢獻。這是紀律的平等所要求的，只有這樣，紀律才能有意義。

管理者發出的指令能否得到最有效的施行，直接關係到領導者權力的影響度和威信力。管理者要建立自己的權威，就一定要嚴明紀律，令出如山，令行禁止，做到說一不二，言出必行。

劉備三顧茅廬，請出諸葛亮輔佐自己，並對他恩待有加，常在眾人面前稱自己得到了諸葛亮猶如魚得到了水。然而劉備手下的兩員大將關羽和張飛卻對諸葛亮極為不服，認為諸葛亮年紀太輕，說不定是沽名釣譽，沒有真才實學。諸葛亮也早已看出來關、張二人不服，但因為他們是取天下不可缺少

的得力幹將，又是劉備的結拜兄弟，也不好直接懲處他們。

　　一天，曹操派夏侯惇率領 10 萬人馬直奔劉備的駐地新野殺來。得到消息後，張飛對關羽說：「這 10 萬大軍就留著給諸葛亮對付去吧！」當劉備向二人問迎敵之計時，張飛又說：「哥哥怎麼不讓軍師去？」諸葛亮深知自己現在還不能讓這兩個人心服口服，便向劉備要來了權力的象徵 —— 劍和印。

　　諸葛亮下達命令後，關、張二人果然不服，關羽說：「我們都有任務了，你做什麼去？」諸葛亮說：「我留在城中鎮守。」張飛大笑：「我們都去拚命打仗，你卻只在家裡坐看，好自在啊！」諸葛亮拿出了劍印，說：「劍印在我這裡，膽敢違抗者，斬！」關、張二人這才心生畏懼，雖然心中不服，但也只得領命而去。

　　其後，諸葛亮火燒新野，令夏侯惇的 10 萬大軍慘敗而歸，立下了初出茅廬的第一功。關、張二人從此對諸葛亮的態度改變了很多，以後隨著勝仗越打越多，他們對諸葛亮的態度才真正發生轉變。

　　治軍講究為將者一言九鼎，讓士兵知道軍令如山，沒有討價還價的餘地，這才是一個大將所應有的魄力。商場如戰場，管理組織也如同治軍。在組織中，管理者就是將軍，一定要拿出將軍的魄力去向員工傳達自己的想法，做到下令不隨便，令出要如山。

　　命令是管人最常見的形式，「有令必行」是管理工作的通則；反之，在執行過程中，命令被打了「折扣」，必定達不到預期的效果。這種「折扣法」，在企業管理中時常是有的。

　　1970 年代，伊藤洋貨行的董事長伊藤雅俊突然解僱了戰功赫赫的岸信一雄，在日本商界引起了一次震動，這連輿論界都用輕蔑尖刻的口吻批評伊

藤。人們都為岸信一雄打抱不平，指責伊藤過河拆橋，將三顧茅廬請來的岸信一雄解僱，是因為他的東西已被全部榨光了，已沒有利用價值。

在輿論的猛烈攻擊下，伊藤雅俊卻理直氣壯地反駁道：「紀律和秩序是我的企業的生命，不守紀律的人一定要處以重罰，即使會因此減低戰鬥力也在所不惜。」

事情的起因是這樣的：岸信一雄是由「東食公司」跳槽到伊藤洋貨行的。伊藤洋貨行以從事衣料買賣起家，所以食品部門比較弱，因此才會從「東食公司」挖來岸信一雄。他來到伊藤洋貨行後，表現相當好，貢獻也很大，10年間將公司的業績提升數十倍，使得伊藤洋貨行的食品部門一片欣欣向榮。

伊藤洋貨行一向是以顧客為先，董事長伊藤雅俊對員工的要求十分嚴格，要他們徹底發揮他們的能力，以嚴密的組織，作為經營的基礎。

但隨著公司業績的成長，岸信一雄卻對公司制定的規章制度一律不予遵守，他經常支用交際費，對部下也放任自流，這和伊藤雅俊的管理方式迥然不同。因此，伊藤雅俊要求岸信一雄改善工作態度，按照伊藤洋貨行的經營方法去做。但是，岸信一雄根本不加以理會，依然按照自己的做法去做。

儘管岸信一雄是個經營奇才，但他卻居功自傲，不守紀律，屢勸不改，伊藤雅俊最終只能下決心將其解僱，殺一儆百，維護企業的秩序和紀律。

發布命令不只是張紙而已，是管理者威嚴的展現。如果管理者要想有權威，就絕對不要讓你的命令打折扣！

以信取威，一諾千金的行為準則

誠信，是立身之本；威信，乃領導之要。兩者相輔相成，不可或缺。正

確處理好誠信與威信的關係，對於管理者是十分必要的，也是大有裨益的。

古人云:「言必信，行必果。」言必信，就是說話一定要講信用、不食言，不說空話、大話。一個管理者只有始終堅持「言必信，行必果」，才能獲得人們的信任，形成自己的領導權威。

企業中，很多管理者善於以承諾激勵員工實現目標。現狀往往是，員工實現目標的時候，管理者會以種種條件和藉口設定承諾兌現的條件，而減少或者取消員工認為應得的兌現，進而會認為管理者言而無信，逐漸喪失對公司承諾的信任，會認為管理者在不停的畫「永遠都無法得到」的「餅」，承諾式管理開始失效，公司與員工之間的信任危機出現並無限循環，團隊計畫無法實施……

言行一致，是為人處世的基本道德要求。對於企業管理者而言，言行一致不僅是一條做人的基本準則，也是管理者的基本準則。「聽其言，觀其行」，管理者的一言一行員工都看在眼裡，記在心裡，一旦發現你言行不一致，你的威信就會大大降低。

最容易損害管理者威信的莫過於被人發現他在欺騙、不信守諾言。處事無信，便會造成「上不信下，下不信上；上下離心，以至於毀」的局面。所以，管理者一定要嚴格要求自己，說話辦事要取信於民，否則管理者的形象就會大損。

在一個企業中，管理者的影響力是不容忽視的。正常情況下，員工會不自覺地模仿上司的行為和態度。而構造管理者影響力的重要素就是他是否是一個言行一致的人。當他口是心非，只說不做，只聽到雷聲而不見下雨，這樣他就會逐漸喪失自己的威信。

　　日本著名企業家松下幸之助說過「想要使部下相信自己，並非一朝一夕所能做到的。必須經過一段漫長的時間，兌現所承諾的每一件事，誠心誠意地做事，讓人無可挑剔，才能慢慢地培養出信用。」管理者要想建立威信，讓員工更加信服你，那麼，你就應從自己的每一句話開始，從自己的每一個行動開始，做到言行一致。只有這樣，才能使員工感受到自己的管理者是能讓人信賴的，才能引發他們更強的責任感。

　　商鞅準備在秦國變法，制定新的法律。為了使百姓相信新法是能夠堅決執行的，他在首都南城門口立了一根木頭，對圍觀者說：「誰要能將這根木頭從南門搬到北門，就賞他五十金。」大多數人都不相信有這等好事，怕商鞅的許諾不能兌現。就在大家猶豫不決時，有一個人扛起木頭，從南門一直走到北門。商鞅當場兌現諾言，賞給他五十金。這樣一來，人們都開始相信商鞅說的話了。自此以後，在他推行新法時，人們都遵守了。

　　這個故事告訴我們，以信可樹威，可以塑造管理者的形象，可以迅速提高管理者的影響力。管理者待人一定要真實誠懇，讓別人相信你、信賴你、接近你，與你共事共心，同舟共濟。

　　東漢末年，天下大亂，豪傑並起，逐鹿中原。袁術是世家子弟，仗著祖輩的餘蔭，坐鎮一方，也想趁機多撈點好處。孫策在孫堅死後，繼續追隨袁術。袁術為了激勵孫策為自己賣命，曾許諾說只要他攻下九江，就讓他任九江太守，但孫策攻克九江後，袁術卻任陳紀為九江太守，孫策的感受可想而知。過了段時間，袁術為了讓孫策去攻打盧江，又許諾說：「本來是要你擔任九江太守的，可我卻錯用了陳紀，我知道對不起你，一定會對你有所補償。現在你去攻打盧江，勝利後就任你做盧江太守。」孫策心中升起一線希望，受命而去。孫策驍勇善戰，得勝而回。不料，袁術卻不提加封之事，把盧江

太守的位子給了老部下劉勳，根本不拿孫策當一回事。孫策徹底對袁術失望了。後來，孫策藉機假裝替袁術征討江東，請派兵馬。袁術信以為真，認為孫策仍會死心塌地地為他賣命，就同意他調兵遣將。孫策有了兵馬，又碰上了周瑜，勢力越來越大，最終占據了江東。袁術因為不守信用失去了孫策，手下又無其他能人，最終窮途末路，吐血而死。

以封官加賞讓下屬赴湯蹈火，確實有很大作用，但像袁術那樣，言而無信，就等於逼迫忠誠的下屬背離自己。

約翰‧巴爾多尼（John Baldoni）說「誠信對於一位領導者來說至高無上。有了它，他才能夠領導人們到達『承諾之地』；沒有它，他就會在期望失落的荒漠上徘徊不前。誠信一旦失去，也許就無法重新獲得。因此，對於任何一位希望有所建樹的經理，一大教益就是要保護好你的誠信，照顧好它，永遠不要丟失。」作為一名企業的管理者，一定要以信取威，打出「誠信」的品牌。只要答應過的事情，就要「言必信，行必果」。只有這樣真誠待人，才能得到他人的信任。否則，一切弄虛作假行為，終究弄巧成拙，從而慘敗。

提升人格魅力，增強管理者的威信

一個優秀的企業管理者往往是一個具有人格魅力的個體。那麼，管理者的人格魅力究竟為何物？

管理者的人格魅力，是指管理者的品德、才學、能力、性格、感情、經驗等個人綜合特質吸引人和感召人的影響力，它是居於管理者權力影響之外的、能讓下屬和大眾敬佩、信服的自然征服力。

管理者人格魅力的大小，在工作實踐中表現是十分明顯的。美國成功心

理學大師拿破崙·希爾（Napoleon Hill）博士說：「真正的領導能力來自讓人欽佩的人格。」人格魅力強的管理者，在員工中的號召力大，他所做出的決策、計畫獲得員工認可的程度高，比較有把握吸引和帶領員工去為完成既定的工作目標和任務而奮鬥。而人格魅力缺乏的管理者，對員工毫無吸引力，與下屬缺乏交流和理解，難以動員大家為了工作而努力奮鬥。

貞觀四年（西元 630 年）全國判死刑才 29 人、貞觀六年（西元 632 年）全國死刑犯 290 人，太宗審查時令全部 290 人回家團年、待來年秋收後回來服刑，結果 290 人均準時到來、無一人逃亡。如果這種事情放在現代社會，即便是判處的有期徒刑犯，只想有機會能把他們放出來，一出監獄大門就會跑得無影無蹤了，更不要說是死刑犯了。如果破天荒的冒出來這麼一個特別的人，過完春節再赴刑，一定會被人嘲笑或懷疑這人是不是在監獄關傻了，腦子關出了問題。很多人看來，這麼好的機會，不跑白不跑，逃跑了正常，不逃跑才是不正常，誰還願意再走回去送上自己的腦袋呢？

難道說李世民領導下的人民都是傻瓜？當然不是，一群傻瓜怎麼可能去鑄造唐朝的輝煌呢？除了李世民治國有方，管民有道外，最重要的一點就是李世民的帝王權威與非凡的感召力，不僅在朝官員，普通百姓，包括犯人，都產生了非凡的影響力，這在歷代王朝上可以說是空前絕後的一大奇蹟。

李世明之所以能被後人尊稱為「一代明君」，這不僅是因為他懂理知人善任，他偉大的人格魅力也很重要。「以德服人、以理服人」的治國安邦之道，在當時不僅贏得朝廷上下的一片讚賞，更贏來了普天百姓對他的愛戴和擁護，而且，許多外國使臣也紛紛慕名而來。李世民的君主權威與君王的人格魅力，不僅在自己國家發揮了作用，還影響到鄰近其他國家。

高尚的人格魅力產生權威。香港著名企業家李嘉誠在總結多年的管理經

驗時，是這樣說的：「如果你想做企業的管理者，簡單的多，你的權力主要來自地位，這可來自上天的緣分或憑仗你的努力和專業知識。如果你想做企業的領袖，則較為複雜，你的力量源自人格的魅力和號召力。」由此可見，高尚的特質和完善的人格，是一個管理者必備的，也是贏得社會的承認和下屬的尊重、提升自己領導能力的原因所在。依靠人格魅力來提升自己的領導能力、贏得下屬愛戴的管理者，才是最合格的。只有那些人格完善的管理者才會受到愛戴。沒有人格魅力，管理者的執政能力難以得到良好的表現，其權力再大，工作也只能是被動的。

一個管理者的魅力則是指由氣質、性情、相貌、品行、智慧、才學和經驗等諸多因素綜合展現出來的人格凝聚力和感召力。有能力的人不一定都有人格魅力。缺乏優秀的品格和個性魅力，管理者的能力即便再出色，員工對他的印象也會大打折扣，他的威信和影響力也會受到負面影響。管理者的人格魅力影響著其執政的能力，其影響主要藉由管理者運用權力時產生的親和力、凝聚力、感召力，使被管理者心甘情願地為實現既定目標努力奮鬥而產生的成效展現出來。

微軟總裁巴爾默（Steve Anthony Ballmer）是比爾蓋茲（Bill Gates）在哈佛上課時同一層宿舍的好朋友。兩人都精力充沛，喜歡數學，愛蹺課，但考試時成績卻非常好。至於形象魅力，巴爾默的口碑則在比爾蓋茲之上，他好動、愛社交，氣質上佳，在同學當中有一定的影響力，因而被比爾蓋茲稱為「誇誇其談的社交動物」。巴爾默跟隨比爾蓋茲在微軟做的第一件事就是從西雅圖電腦產品公司手中收購了對微軟的成長非常關鍵的 DOS 作業系統。緊接著，這位「救火隊長」可以說是做遍了所有部門 —— 篩選聘任培養優質的管理人員，管理重要的軟體發展企業，與英特爾和 IBM 等重要夥伴打交

道，控制公司的行銷業務並建立了龐大的全球銷售體系。因此，他給所有的合作夥伴都留下了非常好的印象。

身材魁偉的巴爾默有咬指甲的習慣、大嗓門、有著非常幹練的「激勵他人」才華。這些正是他形象魅力的重要成因。有一次，在發布會上，他喊「Windows ！Windows ！」時用力過大，曾把聲帶喊破，只好去動聲帶修復手術。性格外放的他與性格偏內向的比爾蓋茲成為完美搭檔：那些與巴爾默進行過談判或是完全進行對抗的競爭對手，都了解他的工作魄力。他們把比爾蓋茲比作一個好員警，而把巴爾默比作一個壞員警，比爾蓋茲作為一號人物，只會把人送上天堂，而巴爾默作為二號人物，則會將競爭對手置於死地。即便這樣，下屬還是非常敬重他，喜歡和他打交道，這正是因為：他的個人魅力太出眾了，也太有影響力了。

由此可以看出，管理者的個人魅力和氣質最大的優點是它們能提高影響別人的能力。當人們認為你這個人很有魅力時，他們更有可能採取你所建議的行動步驟。對管理者而言，僅僅具有專業化能力還不夠，還需要有更大的人格魅力才會在工作中從容不迫，最終贏得下屬的仰慕，才能做到以德服人，才能贏得下屬對自己的佩服。

第二章　建立威信，權威處事—別讓權威打折扣

第三章 以情感人，熱忱處事 ——
走情感路線，馭人先馭心

　　用「情」管理是一門藝術。人都是感情動物，唯有感情能觸動人心底最柔軟的那一處。經驗告訴我們，一個成功的管理者傾注全部精力和情感去處理人的事情，用情感打動人的心裡，這是一種無形的力量，無本的資源。情是無聲的命令，情能打動下屬的心靈，使下屬從情感上和心理上感受到上級的關懷，從而使下屬安心做好工作。所以，管理者要以真摯的情感，增強管理者與被管理者之間的情感連繫，滿足人的心理需求，形成和諧融洽的工作氛圍。

真誠的關心每一個員工

企業的「企」字如果沒有人就是止，一切都停止了，因此在企業中人是核心，是根本，一個運作良好的企業對人的重要程度是放在首位的。管理者應該明白，員工不是沒有生命的機器。「人非草木，孰能無情」，用心地去關心員工，就是關心自己的企業，對員工多一份關心，員工就會回報公司一份忠心。

關心員工、解決員工的後顧之憂是加強員工工作動機的重要方法。把員工的利益放在第一位，或者說要時刻為員工謀福利是管理者應盡的職責，也是管理員工的基礎。現代企業強調的是以人為本，人是企業最重要的元素。孟子也說：「天時不如地利，地利不如人和。」所強調的也是人的重要性。許多知名企業和管理者早就認識到了這一點，並採取各式各樣的措施，不斷地為員工謀福利，以激發員工的責任感，培養員工的敬業精神，努力營造融洽的公司內部氛圍。

設在加拿英屬哥倫比亞省的高科技公司 BCT 電訊公司在公司大樓內設立健身中心，鼓勵員工健身，改良員工的精神狀態，提高了工作效率，公司也獲益匪淺。為了提高工作效率，常以免費按摩、幫助員工處理一些生活瑣事以及其他的福利待遇來吸引員工，降低員工的跳槽率。多倫多的加拿大 SAS 公司除了為員工提供按摩服務外，還為員工提供牙醫並購買了醫療保險，此外，員工每年還有 500 加幣的健康費用。

這些措施雖然在一定程度上增加了公司的支出，但相對於在這種關愛下員工積極地投入工作所創造的效益，它只是微不足道的一部分。況且從長遠的利益來看，關愛員工使員工更加信賴公司，更激發了員工對公司的深厚感

情，員工也更願意為公司服務。因此，關愛員工，以實際行動來表達你對員工的信賴、支持和關心，是使員工樂於為企業打拚的重要因素。

「說一萬句關心員工的話，不如認認真真為員工辦一件事。」永遠把員工利益放在第一位，是構建和諧企業中的一張王牌。

管理者是率領一個團隊來完成工作的。管理者要想最大限度地引起下屬工作動機，必須從關心下屬入手，才能達到事半功倍的效果。否則，單憑高壓、懲戒，不但難以凝聚人心，而且會適得其反、事與願違。因此，懂得關心下屬是管理者的必修課。

管理者走親民路線，貼近下屬、關心下屬，既展現了自己的人格魅力，同時也是明智的情感投資。如果管理者能貼近下屬的內心世界，真誠地關心下屬，把下屬的苦惱和難處放在心上，並為其排憂解難，相信下屬會對管理者感恩圖報，以最大的熱情投身工作，竭盡全力為企業創造價值，即使再累再苦，也心甘情願無怨無悔。因為他們感受到了來自管理者的尊重與關懷，這是他們最大的精神動力。因此，管理者對下屬的關心對於工作效率提高，對於企業競爭力的加強有著深遠的意義。

把「關愛員工」擺第一

所謂「為政之道在於安民，安民之要在於察其疾苦」。企業管理也是如此。積極為員工排憂解難，關心員工困難是管理者的職責所在。

體察下屬，送上一片關愛，不但可以贏得員工的擁護，提升士氣，還可以激起員工昂揚前進的銳氣。只有為員工誠心誠意辦實事，盡心竭力解難題，堅持不懈做好事，才能充分加強員工的積極性和創造性，進一步增強管

理者的凝聚力和戰鬥力。

在摩托羅拉（Motorola）公司，無論是員工本人還是員工的家人生病了，總裁保羅·高爾文（Paul Vincent Galvin）說得最多的一句話是：「你真的找到最好的醫生了？如果有什麼問題，我可以向你推薦這裡看這種病的醫生。」在這種情況下，醫生的帳單是直接交給他的。

在經濟不景氣的年代，工人們最怕失業，為了保住飯碗，他們最怕生病，尤其怕被上司知道。比爾是摩托羅拉公司的一位採購員。他現在的兩個擔心都發生了。他的牙病非常嚴重，不得已，只有放下重要的工作，因為他實在無力去工作了。他的病還被高爾文知道了。

高爾文看到他痛苦不堪的樣子，非常心疼，說道：「你馬上去看病，不要想工作的事，你的事我來想好了。」

阿諾斯做了手術，手術很成功，他知道憑自己的普通收入是難以承受手術費的，而他卻從未見到帳單。他知道是高爾文替他出手術費用。他多次向高爾文詢問，得到的回答是：「我會讓你知道的。」

阿諾斯勤奮工作，幾年後，他的生活大有改善。一次，他找到高爾文。

「我一定要償還您代我支付的醫療費。」

「你呀，不必這麼關心這件事。忘了吧！朋友，好好做。」

阿諾斯說：「我會做得很出色的，但我還是要還您的錢……是為了使您能幫助其他員工醫好牙病……當然還有別的什麼病。」高爾文說：「謝謝，我先代他們向你表示感謝！」

告訴大家一個感人的數字，阿諾斯的手術費是 200 美元，這對高爾文來說是一個小數目，可是這 200 美元代表的價值是對員工的關懷和尊重。

在一個企業內部，管理者與員工之間是什麼關係完全取決於管理者如何對待員工。員工是組成以及促成企業發展的基礎條件，使員工鞠躬盡瘁、忠心耿耿地為企業效力，僅僅靠雇主與員工的關係是遠遠不夠的。「士為知己者死」，只有管理者贏得「民心」，員工才能產生死心塌地跟隨管理者的思想，從而竭盡全力為企業發展貢獻。

員工對企業的忠誠和工作的動力，很大程度上，源於管理者對員工的態度。如果一個管理者除了關心員工的工作效率外，對任何事情都漠不關心，那麼久而久之，企業就會失去人情味，沒有了活力。所以，管理者要多多關心員工，多多幫助員工，讓員工覺得管理者是真心對待他們，而不是一種利益交換，那麼企業員工就會給企業帶來更多的回報。在企業危急的時候，員工就會將企業當做自己的家一般維護，心甘情願地為企業付出。

美國鋼鐵大王安德魯‧卡內基（Andrew Carnegie）在他的回憶錄中寫下：

一天，有一個急得滿嘴是泡的青年員工找到卡內基說他的妻子、女兒因家鄉房屋拆遷而失去住所，想請假回家安排一下。但因為卡內基的公司當時人手不夠，他並不想馬上准假，就試圖以「個人的事再大也是小事，集體的事再小也是大事」來開導、鼓勵他安心工作。可未想，這位青年員工一下子氣哭了，他憤憤地說：「這在你們眼裡是小事，可在我眼裡是天大的事。我老婆孩子連住所都沒有。我能安心工作嗎？」這番話深深震撼了卡內基，他仔細思考了一番這位員工的話後，立即找到青年員工向他道歉又批准了他的假，事後，他還為此事專程到他家裡去慰問了一番。他在回憶錄上寫的最後一句話是：「這是別人給我在通向老闆的道路上的第一課，也是刻骨銘心的一課。」

這個事例充分說明了關心下屬疾苦對於修練領導藝術的重要性。管理者不能簡單的把員工關係理解為雇傭關係，而是應該發自內心的關愛員工。企業支付員工工作酬勞，滿足的是員工的生活需要，而管理者施與員工關愛，則是滿足了員工的心靈需要。如果管理者能在生活上給予員工關懷，噓寒問暖的話，員工就會將管理者看做是自己身邊的摯友。要知道，與為雇主工作比起來，為自己的朋友工作，員工將會更加賣力。

每個員工都需要企業給予他們的關愛。員工績效的好壞並不取決於外在環境的好壞，而取決於管理者關心員工的態度。如果管理者僅僅把關心的焦點放在工作成果上，那麼，他就失去了很多關心員工，進而促進員工績效提升的機會。相反，如果管理者能把關注的焦點從工作的本身轉變到對員工的關注上，那麼，員工的績效將大幅度提高。企業的行動是由員工來完成的，管理者所要做的就是為員工服務，讓其沒有後顧之憂。這樣員工才會把企業的事情當成自己的事來做，能夠自我管理以及主動工作，企業的經營目標才能得以實現。

美國的凱姆朗起初是一家為住宅的草坪施肥、噴藥的小企業。而在凱姆朗的管理者杜克「愛的精神」的思想方式和經營模式下，使企業的發展取得了意想不到的效果。現在，凱姆朗企業已擁有了上萬名員工，營業額高達幾億美元。下面這件小事或許就是該企業成功的祕訣之一。

一次，杜克提出購買萊尼湖畔的廢船塢，要把它改建為企業員工的免費度假村。但是限於當時企業的財務狀況，高級財務管理人員費了九牛二虎之力，說服杜克放棄了這項超過企業能力的計畫。但是，杜克關心自己員工的熱情並沒有停止。不久，他又想在佛羅里達的沙灘上修建企業的員工度假村，同樣，這項計畫的開支也大大超過了企業的能力，高級財務管理人員不

得不再次勸阻他。雖然杜克也明白，這些超過承受能力的計畫結果將會是什麼。但是在杜克的心中，為了讓他那些辛勤勞動的員工過上好的生活，他可以拋開這一切。

後來，杜克瞞著企業的財務人員，買下了一艘豪華遊輪，讓員工度假，又包租了一架大型客機，讓員工去華盛頓旅遊。這一切耗費了企業的大量資金，但杜克對此卻毫不在乎，他的心中只有他的員工。

正是他這種強調「愛的精神」的思想方式和經營模式，使企業的發展取得了意想不到的效果。現在，凱姆朗企業已擁有了上萬名員工，營業額高達幾億美元。

由此可見，關愛員工，尊重員工，能提升士氣，激發他們的工作熱情，為企業創造更多的經濟效益。

創造關愛的企業氛圍，是給予員工良好的工作環境，給予員工足夠的工作支持，是使員工安心工作的措施。員工利用企業的舞臺，企業利用個體的資源，只有在互相關愛、共同奮鬥的工作氛圍裡，雙方的使用價值才會顯現。

從細微處做起，關注小事暖人心

關愛的最大特點就是關注細節。其實，一些小事足可以折射出管理者評價，大家會透過這些雞毛蒜皮的小事，去衡量你，評判你。小事往往是成就大事的基石，這兩者之間是相互連繫、相互影響、相輔相成的。管理者要善於處理好這兩方面的關係，使兩者相得益彰。

日本企業培養員工對公司情感的方式，常常是藉由一些細節實現的，索

尼公司就曾用一個小小的書包籠絡了員工的心。

索尼公司創造之初，正值日本經濟發展處於困難時期，當時的日本普通家庭想給孩子買一個書包都買不起。

一天，索尼公司時任經理井深太偶然之間聽到一位員工說，他的孩子上學用的書包是向親戚借來的。這件事讓井深太很有感觸，公司竟然讓公司的員工連為自己的孩子買書包的能力都沒有。於是，井深太讓助理對公司職員的生活狀況進行調查，弄清到底有多少員工的孩子在上學。井深太親自到商場批發來一批書包，贈送給了家中有孩子上學的員工。井深太的這一舉動，不僅讓那些被贈送了書包的員工激動不已，就是那些沒有被贈送書包的員工也很感動。因為這說明公司沒有對員工的困難熟視無睹，當他們有困難時，公司也照樣會給予幫助的，並且當他們的孩子到了上學年齡，也同樣能夠收到公司贈送的書包。

井深太看到了贈送書包這個舉動所誘發出的員工對公司的感激與忠心。於是，為了增加員工對公司的感情，井深太每年都會邀請員工家屬來公司參觀，並在參觀日親自把書包送到即將入學的孩子們手中。就這樣，邀請員工家屬到公司參觀與贈送書包的做法成為慣例被索尼公司保留了下來，直至今天。

從一些小事著手，對員工進行關懷，會更富人情味，更能打動人心。如果管理者能在許多看似平凡的時刻，勤於在細小的事情上與下屬溝通感情，經常用「毛毛細雨」去灌溉員工的心靈，下屬會像禾苗一樣生機勃勃，水水靈靈，茁壯成長，最終必然結出豐碩的果實。

「員工無小事」，關心員工是從一件件小事中展現出來的。企業的管理者要多關愛員工，為他們營造一個溫暖的環境，從細緻關愛員工入手，注重細

節才能做好管理工作。

　　保羅・蓋提（Jean Paul Getty）是西方首屈一指的石油大亨，他把大部分的時間花在油田裡和他的員工一起工作。有一次發生的偶然事件，雖然其本身不太重要，卻讓蓋提認識到，和員工建立良好的關係多麼重要。

　　這天，蓋提在油井工地上注意到一個名叫漢克的搬運工動作懶散，他生氣地罵起來：「你在做什麼？振作起來，笨蛋！」罵完之後，他還咆哮一聲。「好的，老闆。」漢克平靜地回答道。不過，他還是奇怪地看了蓋提一眼。這讓蓋提莫名其妙。沒多久，他了解到漢克有手傷。漢克本來可以回去接受治療，但他因為不願讓工友和老闆失望，於是留了下來。得知這個情況後，蓋提走到漢克身旁，說：「抱歉！我剛才不應該發火。我開車送你進城去找個醫生看看你的傷手。」聽到老闆這句話，漢克和他的夥伴久久地瞪著蓋提，然後他們笑了。

　　從表面上看，這足一件微不足道的小事，卻反映了一個深刻的道理：在員工需要關心的時候，適時的一句問候，勝過平時的千言萬語。員工能否全身心地投入到工作之中，是管理者事業成功的關鍵之一。管理者抓住了員工的心，也就把握住了公司的效益。

　　對員工的關愛，要注重細節。出色管理者懂得尊重和關愛下屬，他們往往視同事如「兄弟」，懂得怎樣去珍惜和愛護與自己朝夕相處、共同打拚的「戰友」。具有這樣特徵的管理者往往會讓下屬有一種「如家」的感覺，無形中也讓大家更積極、更主動、更無怨無悔地付出。

　　有一個電子公司，職員和管理者大部分都是單身漢或家在外地，就是這些人憑滿腔熱情和辛勤的努力把公司經營得生意蒸蒸日上。該公司的老闆很高興也很滿意，他們沒有限於滔滔不絕、唾沫橫飛的口頭表揚，而是注意到

員工們沒有條件在家吃飯，吃飯很不方便的困難，就自辦了一個小食堂，解決員工的後顧之憂。

當員工們吃著公司小食堂美味的飯菜時，能不意識到這是長官為他們著想嗎？能不感激上司的愛護和關心嗎？

在生活中的細節上，給予員工無微不至的關愛，往往能夠以小的投入收到極好的效果，從而激起員工動機。管理者只有在工作、生活的各個細節上對員工施以無微不至的關愛，使員工們生活工作在一個溫馨環境之中，員工才能以健康的體魄、愉快的心情做好工作，感情管理也就達到了目的。

員工尊嚴無小事，管理從尊重開始

隨著社會的發展和進步，員工作為有想法、有感情、更開放、感情更加豐富的社會人，其對自我實現、尊重等精神需求越來越強烈。尊重員工與其說是一種激勵方式，倒不如說是一種管理理念，這是以人為本的管理理念在企業管理中的具體運用

員工是企業發展的動力和源泉，任何企業的發展都離不開員工的辛勤工作和默默奉獻，企業無人則止，因此，企業要發展，要進步必須把尊重員工放在首位。

哈佛商學院教授羅莎貝斯·莫斯·坎特（Rosabeth Moss Kanter）提出一個觀點——管理從尊重開始。坎特認為，尊重員工是人性化管理的必然要求，只有員工的私人身分受到了尊重，他們才會真正感到被重視，被激勵；做事情才會主動承擔和負責，完成交辦的任務；才會與經理積極溝通想法，心甘情願為團隊的榮譽付出。這種尊重是報酬率最高的感情投資，最終達到

自我實現、團隊合作、共謀發展的目標。

儘管現在企業中一直在提倡以人為本，但是在現實中仍然有一些企業沒有做好，甚至沒有做到。員工在組織中的地位還遠遠不如公司對原料、機器等物品的重視程度，不尊重員工、傷害員工的自尊和自信是經常的事情。

楊剛強是一家外貿出口公司的採購經理，在工作上頗有成就，深得公司領導層的賞識。他對下屬要求很高，管理嚴格，他能從一個高中學歷的畢業生爬到現在這個位子多半也是因為如此。因此，他便期望他的員工也能像他一樣，一心撲在公司的事務上，為公司鞠躬盡瘁。

他要求他的下屬在上班時間不得擅自離開工作職位，不得做與工作無關的事情，不得閒聊，不得接打私人電話，所有的時間都得在工作。他總是想方設法把員工的時間占有，認為只有員工多做工作才能多出成績。在他的管理下，員工總有做不完的工作，即便有些工作沒有任何意義。他還要求自己的員工養成「早到晚退」的習慣，讓員工每天陪自己加班一個小時，即使員工無事可做，也要陪伴在身邊。

假如員工沒有養成這種習慣，那麼加薪晉職的機會就比較少，而且可能被他刻意冷凍，再無出頭之日，要麼就是莫名接到調職或解僱的通知。另外，他也將員工的節假日重新規劃，以適合他工作的需要。有時員工若將午休的時間全部用來休息，也會引起楊剛強的不滿。

他的行動顯然引起了員工的怨言，他們抱怨自己完全沒有私人的空間，隨時都被經理管制和監督，好像自己是被賣給了公司，他們的自由受到了嚴重的限制，他們快要瘋掉了。

楊剛強屬下的員工被尊重的需求明顯然沒有得到滿足，楊剛強的工作

也因此陷入了被動，士氣低落，效率下降，人員流失，管理混亂等問題接踵而來。

　　楊剛強的例子可能是個極端，但卻告訴我們一個道理：作為管理者，如果不把自己的部下放在眼裡，那麼，這些下屬就不會有幹勁，也不會對上司產生好感，更不可能心悅誠服地執行上司的指示。

　　「尊重」這個詞聽起來、說起來容易，做到卻很難。「尊重」是一種很高的修養，是由裡而外透射的人格，而這種人格是需要修練累積的，這也成為衡量一個卓越管理者的標準。

　　有一次，松下電器總裁松下幸之助有一次在一家餐廳招待客人，一行六個人都點了牛排。等六個人都吃完主餐，松下讓助理去請烹調牛排的主廚過來，他還特別強調：「不要找經理，找主廚。」助理注意到，松下的牛排只吃了一半，心想一會兒的場面可能會很尷尬。主廚來時很緊張，因為他知道請自己的客人來頭很大。「是不是牛排有什麼問題？」主廚緊張地問。「烹調牛排，對你來說已不成問題，」松下說，「但是我只能吃一半。原因不在於廚藝，牛排真的很好吃，你是位非常出色的廚師，但我已80歲了，胃口大不如前。」主廚與其他的五位用餐者困惑得面面相覷，大家過了好一會兒才明白是怎麼一回事。「我想當面和你談，是因為我擔心，當你看到只吃了一半的牛排被送回廚房時，心裡會難過。」

　　假如你是那位主廚，聽到松下先生的如此說明，會有什麼感受？是不是覺得備受尊重？客人在旁聽見松下如此說，更佩服松下的人格並更喜歡與他做生意了。作為他的下屬，看到老闆時刻真情關懷別人的感受，心也將完全被捕獲。

　　每個人都有自尊心，都希望被人尊重，在企業工作的員工就更是如此。

身為企業的管理者只有尊重員工，員工才能更好地尊重你，配合你的工作。

日本企業界權威人士土光敏夫曾經為日本經濟振興作過巨大貢獻，特別是在他後半生裡更是業績斐然，就是得益於其尊重員工的領導作風。土光敏夫就任東芝社長時，已是六十八歲高齡，可是他不辭辛苦，遍訪東芝各地工廠和營業所，與許多的員工交談，樂此不疲。

一次，他到了川崎的東芝分廠，廠裡的員工說：歷任社長從未來過，如今土光社長一來，員工們幹勁大增。他在總部的辦公室完全對員工開放，歡迎他們前來討論問題。剛開始時，員工們還不夠踴躍，但他耐心等待，半年之後就變得門庭若市。

土光敏夫認為，管理者的責任是為員工提供一種良好的工作環境，讓每個人發揮所長。

根據這種想法，他在公司實行「自己申報」與「內部招募」相結合的人事制度，即如果員工認為自己在哪裡最能發揮所長，可以自動申報；同時，公司某個部門需要某一類人才時，先行在公司內部員工中招募，以鼓勵員工在公司內做充分流動。這種尊重員工的做法收到了極好的管理效果，工人們幹勁充足，公司業務蒸蒸日上，贏得全球美譽。

尊重員工，這是每一個管理者的基本素養，作為管理者應學會尊重員工，尤其是與普通員工經常在一起工作的基層管理者，更要善於尊重員工，充分發揮員工的積極性，這是能否好好完成一份工作的關鍵。

尊重員工是人性化管理的必然要求，只有員工受到了尊重，他們才會真正感到被重視，被激勵，做事情才會真正發自內心，才願意和管理者打成一片，站到管理者的立場，主動與管理者溝通想法探討工作，完成管理者交辦

的任務，心甘情願為工作團隊的榮譽付出。

　　IBM 總裁指出，最重要的共同信條是「我們尊重每個人，這觀念很簡單，但是在我們企業內，管理人員卻在這方面花相當多時間」。人與人之間是需要相互尊重的，尊重員工，不是管理者在委曲求全，而是管理者在尋找一個能更好的完成工作任務的方法。如果管理者能尊重員工，不僅工作可以順利完成，而且還會獲得員工對我們更多的尊重。

　　尊重，不僅僅是我們平常的禮貌稱呼、一個禮讓動作就能詮釋的，它有著更深層次的含義：信任，關愛，鼓勵，發展……恰恰這與公司的企業文化相呼應，在尊重的基礎上實現企業與員工的共贏。

　　如何尊重員工呢？如果你一時還不知該從何下手，不妨從以下幾個方面改進：

　　尊重員工的人格：任何人都有被尊重的需要。員工具有獨立的人格，當工作有失誤時，不當眾訓斥，而是主動承攬責任，當員工對自己有意見時，不要嫉恨，要用感化，真正在上下屬之間建立一種親密無間的夥伴關係，創造一種親切、融洽、無拘無束的關係。管理者不能因為在工作中與其具有領導與服從而損害員工的人格，這是管理者最基本的修養和對員工的最基本的禮儀。

　　不要對員工頤指氣使：有些管理人員使喚員工非常隨意。「小王，給我倒壺水來。」、「小劉，買包煙給我。」在日常生活中，有不少管理者就是這樣隨意使喚自己的員工。他們放大了員工的概念，把員工當成傭人。員工心裡會怎麼想呢？他們心中肯定充滿了不滿的情緒，覺得自己被辱，從而對企業管理者有了牴觸情緒。那他們還怎麼可能會把百分之百的精力投入到工作當中呢？

　　要尊重員工的意見：在工作中，管理者對員工的意見要重視，瑕瑜參半時，要充分肯定其正確部分；對自己提意見時，要「聞過則喜、從諫如流」，切不可耿耿於懷，挾嫌報復，甚至粗暴地以言治罪。

　　對員工一視同仁：在管理中不要被個人感情和其他關係所左右；不要在一個員工面前，把他與另一員的工作進行比較，也不要在分配任務和利益時有遠近親疏之分。尊重員工才能真正地了解員工。不帶任何個人喜好，設身處地地為員工著想，你就是一個「善解人意」的管理者。

投入熱情，感染下屬

　　一個濃霧之夜，當拿破崙·希爾和他母親從紐澤西乘船渡江到紐約的時候，母親歡叫道：「這是多麼令人驚心動魄的情景啊！」

　　「有什麼特別的事情呢？」拿破崙·希爾問道。母親依舊充滿熱情：「你看呀，那濃霧，那四周若隱若現的光，還有消失在霧中的船帶走了令人迷惑的燈光，那麼令人不可思議。」

　　或許是被母親的熱情所感染，拿破崙·希爾也著實感覺到厚厚的白色霧中那種隱藏著的神祕、虛無及點點的迷惑。拿破崙·希爾那顆遲鈍的心得到了一些新鮮血液的滲透，不再沒有感覺了。

　　母親注視著拿破崙·希爾：「我從來沒有放棄過給你忠告。無論以前的忠告你接受不接受，但這一刻的忠告你一定得聽，而且要永遠牢記，那就是：世界從來就有美麗和興奮的存在，她本身就是如此動人、如此令人神往，所以，你自己必須要對她敏感，永遠不要讓自己感覺遲鈍、嗅覺不靈，永遠不要讓自己失去那份應有的熱情。」拿破崙·希爾一直沒有忘記母親的話，而且

也試著去做，就是讓自己保持有那顆熱忱的心、那份熱情。

熱情，是一種內在的精神本質，它深入到人的內心，熱情作為一種精神狀態是可以互相感染的，也是最能打動人的。

一個人成功的因素很多，而居於這些因素之首的就是熱情。沒有熱情，不論你有什麼能力，都發揮不出來。

某顧問公司曾經對數百家企業的 1000 名年輕員工做問卷調查。其中有一個問題：「你心目中理想的領導者，具有什麼條件？」讓人有點意外的是，在答案中占最多比例的內容是：「強而有力，充滿熱情，令人值得信賴、依靠。」

可見，熱忱是追隨者眼中管理者所必備的素質之一。一個充滿熱情的管理者，散發出來的氣息是熱情的，他的下屬受到的感染也是熱情的，整個團隊的工作氛圍就也會是積極向上的。作為一位管理者，我們必須有火一樣的熱情，只有這樣，才能更好地領導手下的員工。

在現代商戰中，熱情的重要性與日俱增。卓越的企業領導者不僅善於用熱情來激勵自己，還應該運用熱情，將熱情傳遞給身邊的每一個人，從而將組織成員的工作積極性放大，使組織成員創造出意想不到的業績。

熱情是有感染力的：當你談論公司願景的時候，讓你的熱情散發出光芒。別人會感覺到這種熱情的光芒，想和你一起為之奮鬥。在這方面，微軟 CEO 包爾默可謂做到了極致。

據傳，他曾因為在日本的產品發表會上大叫「Windows」而喊壞了嗓子不得不接受治療。更有風傳，一位任職於微軟的年輕人感慨：「我被我們的 CEO 鼓動得熱血沸騰，當時如果讓我去為微軟撞牆，我也會毫不猶豫。」微

軟的員工早已對包爾默的熱情習以為常，但每一個面對他的員工仍然會熱血沸騰。包爾默的熱情和執著使他成為微軟內部的鼓舞者。包爾默表示：「我想讓所有人和我一起分享我對微軟產品與服務的熱愛，我想讓所有員工分享我對公司的熱情。」憑藉他的熱情，包爾默感染著微軟的全體員工，為比爾蓋茲撐著一片天，從 16 名員工，壯大到 6 萬名。他的「煽情」對微軟的成功來說是至關重要的，他自己則成了熱情演講者的代名詞，形成了一套包爾默式的管理方法。

由此可見，是否具備無與倫比的熱情，是區分管理者影響力深遠還是平庸的標準，那些具備似火一般熱情的管理者才具有不凡而持久的影響力。

一個管理者真的充滿了熱情，下屬就可以從他的眼神裡，從他的勤快、感動人心而受人喜愛的為人中，從他的步伐中，從他全身的活力中看得出來。熱情可以改變一個人對他人、對工作以及對整個世界的態度。許多成功的管理者以熱情的態度投入到工作中，目的在於鼓舞所有員工的士氣，把對工作的熱情感染給員工，鼓舞他們努力工作。

出生在臺灣的美國雅虎創辦人楊致遠可稱得上是新一代企業家的典型代表，他富有知識，白手起家，有創造力，個性鮮明。楊致遠在香港《財富》論壇上接受記者採訪時說：「我認為我性格中最大的特點是熱情和負責任。我認為一個企業家不僅要有目標去建立一個大公司，而且要永遠有顆熱忱的心去將這個目標變成現實。」

熱情，能夠改變管理者，進而影響他身邊的人。如果一個管理者決心追隨自己的渴望，那他一定會變成一個更願意付出努力、更富有創造力的人，最後也讓他的員工感染到他的熱情。如果一個管理者心中沒有一把火，那他就無法在他的組織中燃起熱情的火焰。

不久前，小王被調到公司營業部做經理，剛到營業部時，部門的員工們都已經厭倦了自己的工作，甚至都已經作好寫辭職報告的準備了。但是，小王的到來改變了這一切。他說，當時感覺這個部門像一潭死水，毫無活力，員工對工作沒有絲毫熱情，充滿抱怨。他就想，這麼一個有朝氣有活力的部門，員工也都相當年輕，為什麼會這樣呢？我能不能改變這種狀況呢？

於是，小王做了一系列的措施，除了在制度上進行改革，他還以身作則，用自己充滿熱情的工作作風，燃起了其他員工胸中的熱情火焰。

每天，小王第一個到公司，並微笑著與每一個同事打招呼。開始工作時，他便容光煥發，好像生活煥然一新。在工作的過程中，他挖掘自己身上的潛力，開發新的工作方法。在他的影響下，部門的員工也都早來晚走，鬥志昂揚。因為他經常保持這種熱情四射的工作狀態，在很短的時間內，便從部門經理升到了區域經理的位置。

在他的帶動和感染下，員工們也一個個充滿了活力，公司的業務不斷上升。

作為管理者，要有熱情，要能感染別人，才能讓別人跟你一起把工作做好。因為，積極熱情的態度可以感染人、帶動人，給人信心，給人力量，形成良好的環境和氛圍。所以，管理者一定要把自己調整到最佳狀態，像黑夜中的火把，像烏雲裡的閃電，用你的熱情去感染下屬，讓他們迸發出更大的熱情。用你的魅力去打動員工，讓你的團隊閃耀出五彩的光芒。

傑克是一家連鎖超市的經理，這家店是 12 家連鎖店中的，生意相當興隆，而且員工都充滿熱情，對他們自己的工作表現得很驕傲，都感覺生活是美好的……

　　但是傑克來此之前不是這樣的，那時，員工們已經厭倦了這裡的工作，他們中有的已經打算辭職，可是傑克卻用自己朝氣蓬勃的精神狀態感染了他們，讓他們重新快樂地工作起來。

　　傑克每天第一個到達公司，微笑著向陸續到來的員工們打招呼，把自己的工作一一排列在日程表上。他創立了與顧客聯誼的討論會，時常把自己的假期向後延……

　　在他的影響下，整個公司變得積極上進，業績穩步上升，他的熱情改變了周圍的一節，老闆因此決定把他的工作方法向其他連鎖店推廣。

　　熱情作為一種情緒，它是成為一名卓越管理者非常重要的一部分。管理者最忌諱的是冷漠，熱情才是管理者的生命動力。拿出你的熱情，用你的熱情去感染周邊所有的人 —— 你的同事，你的下屬，甚至你的上司，在一種熱情的環境中，每個人都變得積極主動，每個人都成為你在前進路上的幫助和支點。

溫暖如家，成為溫暖的大家庭

　　家文化是引領企業成長的魂，是凝結員工的根。索尼公司董事長盛田昭夫就曾說：「一個公司最主要的使命，就是培養它同員工之間的關係，在公司創造家庭式情感，即管理人員和所有員工同甘苦、共命運的情感。」很多成功企業就是堅持「以人為本」的原則，把員工當成自己的家人，幫他做事，關心他的生活。也正是由於這種關懷，員工才會更努力地工作，企業才有了今天的成就。

　　一天，在某間飾品公司裡，紅紅的燭光把員工們的臉龐映照得通紅。這

是飾品公司正在為百名員工過生日，這是公司的傳統。這間公司有2000多名員工，人員眾多，對此，總裁小光特別建立了員工檔案，給過生日的員工們送上生日蛋糕、生日賀卡及其他禮物。此時此刻，一些員工激動地說：公司溫馨似家，公司董事長對我親如兄弟姐妹，我們一輩子願在新光公司工作。

小光認為員工是公司最重要的「資產」，也是自己的兄弟姐妹，他們關係著公司的成敗，對自己的員工必須尊重和欣賞，時刻關注隨們個人的物質需要和精神需要。她常常對公司的員工說，她原先也是一名小職員。她說：「貧窮並不可怕，怕的是人沒志氣。只要自己勤奮努力，總有戰勝困難、走向成功的一天。公司有一名員工到了臨產期，但父母不在身邊，丈夫也在別的企業加班，小光聽到員工的報告後，馬上把臨產員工送至醫院檢查，忙這忙那始終守候在她身邊。當聽說剛出生的嬰兒即將窒息，急需送更大的醫院搶救時，小光立即用自己的小車將員工轉送到大醫院。晚上，小光把一碗熱乎乎的紅棗核桃湯送到員工面前。

小光對待自己的員工如此，對待員工的家屬也是如此。只要員工的家庭有困難，她就把他們的困難當做自己的困難，並盡力解決。有一次，員工小花的母親發生了車禍。小光聽到這個消息後，一邊安撫小花，一邊資助安葬費。當小花的親戚朋友到小花家時，小光又為他們安排吃住的地方，回去時又給他們車馬費，直至這一事件落幕。

對待已經不是公司員工的員工，只要他們有困難，小光就會幫助解決。有一名姓汪的員工因違反公司規定，擅自離開工作職位，後又自動離廠，在另一家企業找了一份工作。有一次，這位姓汪的打工者被一輛汽車撞得不省人事。公司的員工看到這一情景後，向小光報告。小光立即趕到，把他送至醫院，並安排公司其他員工照顧他。在生產緊張、人手緊缺的情況下，小光

每天都派出員工晝夜照顧這名昔日的員工。醫藥費不夠又是小光給予援助。事後，這名職員動情地說，自己早已不是公司的員工了，但小光不計前嫌依然像家人一樣照顧他，他此生永遠也不會忘記。

小光堅決反對一些公司和組織把員工當成賺錢的工具，而應該把他們當做主人翁來看待。其實關心員工，並不需要多麼龐大的系統，他只需要企業管理者把員工當成自家人就可以了。俗話說，「兒不嫌母醜，子不嫌家貧」。家庭再貧窮，兒女們都想回家，這就是家庭的溫暖，有父愛、母愛和親情。企業要想吸引、留住人才，就要營造家庭的氛圍，家庭的溫暖，家庭的感覺。

海信集團（Hisense Group）的企業文化理念是：宣導人和人之間的情感關懷。「在海信，就像生活在一個大家庭一樣，讓人感覺溫暖」，海信的員工深有感觸地說。

海信董事長周厚健一貫強調，企業是員工的。海信把員工當做企業最寶貴的資源，為每個員工的成長搭建良好的平台：海信每年投資折合新臺幣五千萬元用於員工教育培訓經費；定期舉辦各種講座、培訓；用項目專責制釋放人的潛能等等。這一系列措施，營造了寶貴的文化氛圍，使每一個海信員工在工作中感受到成長的喜悅。

海信非常關心員工的生活。除了給員工提供優越的住房條件之外，針對銷售人員長期在外、難以顧家的特殊情況，海信特別設立了「內部服務110電話」，由專人負責為銷售人員家屬排憂解難，以消除銷售人員的後顧之憂，使海信真正成為員工的家園。

在善待員工的問題上，海信更是做到了負責到底：曾有一個在海信技術中心工作的來自鄉下的大學生楊某因游泳而意外身亡，董事長周厚健在惋惜

的同時，給予了楊家極大的安慰：「你們失去了一個好兒子，是家庭的損失；海信失去了一個優秀人才，也是企業的巨大損失……有什麼要求儘管提出來，我們會盡力解決。」而楊的家人婉拒了。但海信依然給予楊家一次性經濟補助折合新臺幣約 40 萬元，大家還紛紛捐款。對此，楊的父親感動得淚流滿面……

這種情感管理，不僅增強了員工努力克服困難的信心，還激發了他們的工作熱情。正如海信員工所說的那樣：

「集團和公司領導者時刻想著我們大家，關心我們的工作，關心我們的生活，海信就是我們共同的家。有這樣貼心的上司，有這樣溫暖的家，我們有什麼理由不好好工作呢？」

「家」是一種文化的展現，更是連繫管理者與員工的紐帶。「家」就是要讓員工像愛家一樣關心企業、愛護企業，讓員工具有強烈的責任感和凝聚力，而企業也像「家」一樣，給予員工溫暖、慰藉，使員工有安全感和歸屬感，從而實現企業發展與員工個人發展的和諧統一。

員工是企業軟實力的根本。企業要真誠關心員工，付出真情，善待員工，給員工充分的尊重與關愛。企業投之以桃，員工才會報之以李，把員工當成家人一樣呵護，員工才會把企業當成家。

「我們就是要把員工當做自己兄弟姐妹，讓他們從心底有一種對公司的歸屬感和自豪感。」說這句話的公司免費提供一日三餐，食譜還不斷徵求員工意見，從董事長到普通員工，一律在食堂用餐；員工遇到婚喪嫁娶，董事長親自登門祝賀或弔唁，如有需要，免費提供車輛；每位管理者定期與員工進行談話，關注員工負面心理，及時發現、疏導不良情緒，努力為員工創造和諧的人際關係……豐富員工的精神文化生活是企業關愛員工、創造企業文化

的重要落實方向。公司成立了籃球隊、藝術團等藝文活動或體育組織，讓員工在工作之餘可以自娛自樂，放鬆身心。新春聯歡會、趣味運動會、籃球賽等活動貫穿全年的工作，讓員工們真正感受到了大家庭的快樂。

關心員工，最簡單的方式就是把員工當成自己家人一樣關心他的生活。一個幸福完美的家庭應該充滿著溫馨、和諧與關愛，這種氣氛不僅有利於提高員工的工作積極性和創造性，還能為企業帶來很多利益。

「家」永遠是一個最讓人有安全感的地方，俗話說：「家和萬事興」，企業亦是如此。一個企業的實力與活力，必然倚仗其背後員工的共同努力，倚仗員工的凝聚力和向心力。如果企業管理者能讓員工有家的感覺，那麼他們必定會以家人的心態對待自己的工作！

疏導情緒，關注員工心理健康

隨著當今社會競爭加劇，現代生活節奏加快，工作壓力、心理危機、情感糾紛、人際關係、個人特質等問題，已成為影響員工心理健康的主要因素。員工心理問題不僅影響到員工自身的健康和發展，對企業來說，也意味著工作效率降低，缺勤率、離職率及事故率上升，工作中的人際衝突加劇，人才流失加重，這必然會對企業內部的管理和運營帶來危害。企業要想在激烈的市場競爭中立於不敗之地，讓整個組織以年輕的心態奔跑在前進的道路上，就不得不關注這一潛在問題。

有心理學專家這樣說，對企業當今的生存發展而言，員工健康積極的心理狀態已成為比黃金還要珍貴的稀缺資源，它是企業決勝於未來最根本的心理資本和核心競爭力。企業與企業之間的競爭表面上看是產品、服務、價

格、形象的競爭，實質上是企業員工心理狀態的競爭。員工失去良好的心理狀態，企業要想為市場提供良好的產品和服務，建立良好的品牌形象是很難實現的。因為員工的心理會直接影響工作效果。

在美國芝加哥市郊外有一家霍桑工廠。它具有較完善的娛樂設施、醫療制度和養老金制度等，但工人們仍憤憤不平，生產狀況也很不理想。為探求原因，1924 年 11 月，美國國家研究委員會建立了一個由心理學家等多領域專家參加的研究小組，在該工廠進行一系列實驗研究。這一系列實驗研究中有個「談話實驗」，即用兩年多的時間，專家們找工人個別談話兩萬餘次，規定在談話過程中，要耐心傾聽工人對廠方的各種意見和不滿，並做詳細記錄；對工人的不滿意見不准反駁和訓斥。這一「談話實驗」收到了意想不到的結果：霍桑工廠的產量大幅度提高。社會心理學家將這種奇妙的現象稱為「霍桑效應」。

霍桑效應給我們一個啟示：企業管理者必須及時了解員工心態，掌握其變化特點和規律，注重心靈開導，多層次、多途徑、多方式促進員工的消極情緒及時得到宣洩和釋放。這是企業管理的重要內容，是提高企業工作效率和管理效能的重要條件，也是企業持續、協調、有效發展的根本保障。

某公司行銷部的蘇經理發現下屬小于早晨上班以後，就悶悶不樂地坐在自己的座位上，玩著圓珠筆，皺著眉頭，誰也不理。開始時，蘇經理以為小于或許跟同事因為工作的問題發生了正常的爭執，可能過一會就沒事了。但是過了兩個小時，他感覺不太對勁，因為小于的情緒不僅未見好轉，反而有「惡化」的跡象，竟然在一次接電話的時候莫名其妙地跟客戶吵了起來，差點讓前幾天剛簽下的一份金額不小的訂單吹掉。

蘇經理決定跟小于好好談一談，這麼下去可不是辦法，行銷部門的人時

刻都要與客戶打交道，員工需要有健康開朗的情緒。但是解決員工的心理問題需要技巧，更需要對症下藥，他沒有因為電話爭吵事件就過去訓斥小于，而是沉默從她身邊經過，稍微一停，有意無意地對她看了幾眼。用這個不尋常的細節，讓小于發現自己正在關注。先以這種方式，暗示她不要讓自己的情緒影響到工作。接著，等到中午吃飯時，他悄悄走過去，請小于一起去吃飯。

在公司餐廳，蘇經理與小于邊吃邊談，弄明白了事情的原委。原來，小于昨天晚上跟相愛了七年、近期正準備結婚的男朋友分手了。男朋友這些年竟然還有一個小三，騙了她這麼久也沒被發現，這時才露出真面目。

顯然，這是一次非常沉重的感情打擊，畢竟經歷了愛情長跑，都準備結婚了卻又分手，而且蘇經理知道小于的性格重感情，遭遇這麼大的感情變故，今天能堅持來上班已經很不錯了。所以，關心地聊了幾句，他便決定放她一下午的假，讓她出去散散心，自己調整。小于本以為蘇經理會把她罵一頓，沒想到頂頭上司出乎意料地表示了對自己的理解，還主動給自己半天假。感激之餘，小于對上司充滿了敬佩，自己也似乎變得堅強了。

故事中的小于由於私人情緒影響到了行銷工作，蘇經理便放她半天假，讓她離開辦公室，去獨自進行調整。如此一來，既給了小于足夠的私人空間，又避免她把悲觀情緒傳染給從事行銷工作的其他同事，可謂是一舉兩得的好辦法！

事實證明，良好的心靈開導，能夠增強員工的意志力、自信心、抗挫折能力和自律能力，還能提高員工的貢獻意識、集體意識和團隊精神。

然而現實生活中，不少管理者認為甚至會要求員工們不應該將私人情緒帶到工作中來，其實這是不現實的也是一種錯誤觀念，如果員工心中有不快

的事，不讓員工流露出來與釋放，那麼他就沒有釋放情緒的時間，長期壓抑自己精神就會出現問題。所以作為管理者，對待下屬要有洞察力也要有心理援助，要把人與事分開，即先關心人，後關心事，要把情緒與工作分開，先關心情緒後關心工作。只有這樣才能釋放員工的工作壓力與心理情緒，才能凝聚團隊的力量，最終提高工作效率。

在實際工作中，管理者應該具備敏銳的觀察力，及時察覺員工心理問題的徵兆和信號，及時採取有力措施將員工心理問題消滅在萌芽狀態，避免其對員工和公司造成不利影響。

一般而言，員工的心理信號可以以一系列的異常行為、異常情緒和異常工作表現捕捉到，這些異常表現有以下幾方面：

1. 工作的指標：工作效率的持續下降，工作狀態明顯低落。

當員工遇到由工作壓力、人際關係、情感危機、子女教育、家庭關係等原因導致的心理問題時，他們的工作狀態和工作指標會出現明顯的變化：注意力不集中、應變力下降、判斷力變差，記憶力減退、分析抉擇能力減弱及缺勤率增加、工作效率下降、業績大幅度下滑、生產產品不合格量增多。管理者發現這些異常表現後，不應直觀的對員工進行懲處，而要深入了解背後心理層面的原因，幫助員工擺脫心理危機的困擾。否則，簡單的批評不但不能提高員工的工作業績，還會進一步刺傷員工心理，加重員工心理負擔。

2. 情緒的指標：衝動，突然性的情緒爆發；長期低落陰沉，無精打采。

在日常工作中每個人都有出現不良情緒的時候，如緊張易怒、疲憊不堪、冷漠無助等等都是常見的情緒反應。管理者往往會把這些不良情緒歸因於員工的性格脾氣不好，而不去重視。其實，不良情緒反應是一個人不良心

理狀態最直接的表現，也可能是心理疾患的徵兆，管理者不可等閒視之。

3. 外在行為指標：員工一段時間內出現的行為異常。

存在心理問題的員工會表現有一系列的異常行為，管理者可以藉由觀察員工行為舉止發現並掌握員工的心理狀況，進行有針對性的管理。這些異常行為包括幽默感減少、毫無節制的抽煙、喝酒，恐慌型的行為以及做出錯誤的判斷等等。

例如，公司制度中明確規定上班時間禁止吸煙，但是有一天，你發現採購科的科長一大早就開始抽煙，你應該意識到員工的異常行為。要知道他手上掌握著公司大部分的預算，如果員工因心情不好把這些預算搞錯了可不是件小事。應採取的正確做法是把他叫到辦公室裡或者一起吃飯，心平氣和地了解員工遇到的問題，了解他們的真實想法，先穩定他的情緒，至於違背公司制度的懲罰可以過一段時間再看看情況。

4. 人際關係指標：易與人發生衝突，上下屬之間、員工與員工之間、員工與公司之間矛盾尖銳，人際關係持續惡化，或者非常自閉，人際關係冷落。

員工心理問題會以不良的人際關係表現出來，所以，管理者可以以一個人的人際關係狀況了解其心理狀況。假如員工表現有時常與他人刻意保持距離、避免表達自己的感受、對人冷漠麻木、缺乏同情心、總是討厭某人或被某人所討厭、受別人排斥、時常傷害別人等就要注意觀察員工心理上是否存在的問題。

健康就是生產力，追求健康是每一個人的共同理想，也是企業員工們的美好願望。因此，為了企業又好又快地發展，企業管理者應注重自己員工的

心理健康，為員工心理把把脈，藉由前期的調查與各項判別指標，對存在心理健康隱患的員工及時干預與幫助，才能避免問題變得嚴重。

注重感情投資，從「心」管理

曾國藩常說馭人之策：情感第一，利益第二，約束第三。作為管理者要捨得在感情上投資，做到關心人、理解人。有管理心理學研究發現，情感對人們的心理活動有著巨大的影響，一個人生活在溫馨友愛的集體環境裡，由於相互之間尊重、理解和容忍，可以使人產生愉悅、興奮的心情，工作有主動性、積極性、創造性，會使得企業化險為夷、轉危為安；消極的負面情感，如恐懼不安、憤怒不滿、壓抑或緊張、焦慮等會使人對企業變得冷漠，導致工作效率低下，甚至將企業群帶入死亡地帶。對員工實施情感化管理就是企業管理層根據員工的心理特徵，消除他們的消極情感，減輕他們的精神負擔，並激發其積極情感，以使員工心情舒暢，為企業持續創造出新價值。

如果說企業的制度管理為企業的正常運轉提供了「遊戲規則」的話，那麼情感管理則為企業活力提供了「催化劑」，它將企業管理的關注點從員工的工作內容、工作方式和工作效果轉向了員工的思想和心理，使對員工的管理行為不再是冷冰冰的命令和強制，而是貫穿著激勵、信任，展現著管理者對員工的人性化關懷。

任何一位企業管理者要想把企業辦好，就不能不注重對員工的情感投資。美國惠普（HP）科技公司創辦人比爾 · 惠利特（Bill Hewlett）這樣告誡管理者說：「關心員工，這和錢沒有什麼關係，用什麼方式也都不重要，重要的是讓員工知道我們是關心他們的……」

1929 年美國爆發了一場長達 5 年之久的經濟危機，造成了大面積的失業、飢餓和貧困。1933 年，哈理遜（Harrison）紡織公司不僅遭遇了這場經濟危機的襲擊，而且還遭遇了一場嚴重火災，公司的一切財產在一夜間化為烏有。這場火災使公司員工感到極度恐慌和無助，只能等待著董事長宣布公司破產，然後加入失業大軍的隊伍忍受飢餓和貧困。但是，出人意料的是，為了幫助員工度過心理和生活上的危機，董事長哈理遜竟然拿出數十萬美元向全公司員工發放一個月的薪水，同時宣布自己不會放棄企業的重建，這使員工熱淚盈眶，感激不已。一個月後，當員工開始為下個月的生計憂心忡忡時，他們又驚喜地得到了公司支付的月薪。

當時，許多企業家都譏笑企業董事長愚蠢之極，等著看他破產。但是，他們看到的卻是數千名員工懷著萬分感激的心情，紛紛湧向公司，使出渾身的解數，不分晝夜地忙著清理廢墟、擦洗修理機器、安裝電線和電話線，恨不得一天做 24 小時。三個月後，哈理遜公司不僅奇蹟般地恢復了正常生產，而且生產效率極大提高，後來還成為了美國最大的紡織品生產公司。

其實，在火災發生後，哈裡遜公司董事長完全可以在領取保險公司巨額賠償金後一走了之，但是他沒有選擇這種短視的做法，而是時刻把員工的生活放在心上，這不僅會拉近和普通員工間的距離，還感染了他的員工，使人們忘記了疲憊，忘記了工作重擔，全力以赴地投入到搶救公司的行動之中，並推動公司的發展。

管理其實並不難，最主要的是管住員工的心，而要管住員工的心，就需要一定的感情投資。法國企業界有句名言：「愛你的員工吧，他會百倍地愛你的團隊。」國外有遠見的企業家從勞資矛盾中悟出了「愛員工，團隊才會被員工所愛」的道理，因而採取情感管理辦法，的確也創造出了「家庭式團結」

的團隊。在團隊中有這樣和睦、相互關心的成員關係，成員怎麼會不努力地工作呢？

中華文化感情取向與文化傳統決定了感情因素在人們的心目中占有很重要的位置，甚至決定了人們的行動目標和方式，即使在當今所謂「重物質輕精神」的時代，這種狀況依然存在。管理離不開情感，情感投入多少，直接影響管理的效益和成敗。管理者的情感投入能獲得員工 100% 的擁戴，從而更有利於提高勞動生產率。

情感管理是現代管理中一種不可或缺的管理方式，同時它也是一門管理藝術。情感管理猶如「一隻看不見的手」，無時不在，無處不在。古人云：「得人心者得天下」，經營企業在一定程度上就是經營人心。管理者要用情感這根紅線，充分貫徹「以人為本」原則，調動員工的積極性、主動性、創造性，緊緊地把員工與管理連接起來，實現組織目標的管理過程，最終使企業變成一個榮辱與共，相互依存，同心協力的團隊。

第四章　協調關係，溝通處事 ——
做化解矛盾的高手

　　良好的溝通能力是一個管理者必須具備的基本條件。在當今的許多企業中，管理者良好的溝通能力已經成為激發組織智慧和活力的關鍵因素，甚至關係到企業未來的發展。然而，並不是所有的管理者都能夠做到有效的溝通，並在溝通中遊刃有餘，他們有時會陷入種種溝通地雷中。如部門之間無法協調，下屬對你的評價不好，你的想法別人無法理解，不知道如何表達不贊同的意見等。這就需要管理者掌握一定的溝通技巧，協調好各方面的關係，創造和諧的工作氛圍。

保持順暢的溝通管道

溝通是提升企業管理水準的關鍵，沒有良好的溝通，企業將管理混亂，管理者與員工之間將失去信任，每一項工作都很難落實，員工的工作業績也難以提高。

著名管理學家巴納德（Chester Irving Barnard）認為：「溝通是把一個組織中的成員連繫在一起，以實現共同目標的手段。」沒有溝通，就沒有協調，也就沒有管理。但現實中，人與人之間常隔著一起道無形的「牆」，堵塞著溝通管道，造成感情不融洽、關係不協調、資訊不交流。因此，要管好人用好人，就要重視溝通與協調。

在企業內部，溝通是處理管理不當所引起矛盾的主要工具。我們每天都在工作中溝通，溝通中工作，溝通在不知不覺中進行，然而，溝通的效果並非如所願，溝通不良依然存在。溝通不良或許是每個企業都存在的老毛病。企業的機構越是複雜，溝通越是困難。往往基層有建設性的意見未及回饋至高層決策者，便已被層層扼殺，而高層決策的傳達，常常也無法以原貌展現在所有人員之前。而溝通的持續惡化，就會造成「高層煮酒論英雄，底層士氣灰飛煙滅」的嚴重情況。

有資料表明，企業管理者 70% 的時間用在溝通上。開會、談判、談話、做報告是最常見的溝通方式。另外企業中 70% 的問題是由於溝通障礙引起的，無論是工作效率低，還是執行力差，領導力不高等，追根究柢都與溝通有關。由此可見，提高管理溝通能力，保持順暢的溝通管道就顯得特別重要了。

郭士納（Louis V. Gerstner）進入 IBM 後，意識到自己與員工溝通的重

要性。他說：「很有必要為我們公司的員工的溝通和交流打開明確的連續的管道。」當然，對於 IBM 這樣的大公司，要與每一名員工坐下來面談，是不可能實現的，但還有其他的方式可以實現互動的交流，郭士納正是利用 IBM 的電子郵件與員工們實現有效溝通的。

郭士納上任後 6 天，就寫了一封信給 IBM 的全體員工，他在信的最後還講到：「在未來的幾個月中，我打算走訪盡可能多的公司營業部門和辦公室，而且，只要一有時間，我就會去和你們會晤，以共同商討如何鞏固和加強公司的力量。」

郭士納在郵件中對員工講述他的計畫並傳遞信心，而 IBM 的員工，或者支持，或者反對，都坦率地表達，甚至不惜諷刺。正是在這樣的坦誠的互動交流中，郭士納更加深了對企業以及員工的了解。

管道暢通，心順氣通，它既反映了一個團隊的作風，又反映了幹部與員工群體的關係。疏通管道，讓一切熱愛團隊的員工參與到團隊的經營管理中，才可使團隊永久保持旺盛的生命力。

對於一個團隊而言，通暢的資訊流動管道是促進溝通的積極因素之一。在獲取資訊的有效方式上有多種選擇，工作報告、專案總結、團隊活動、專門的布告欄都能促進資訊流通。資訊從一個人傳遞到另一個人，從一個部門傳遞到另一個部門，其主旨是為了要求每個人強調投入一定的時間和精力以保證知道彼此在進行的工作。在資訊傳遞過程中，要特別注意向相關邊緣的工作人員的資訊傳達，經過彼此的解釋，達到真正的理解。

比爾蓋茲在微軟公司內部，採用網路和員工聯絡，打破了管理上的層級之分，減少和避免了多層管理帶來的問題，企業的管理者將自己的想法貫通上下，使公司營運的計畫，經由網路及時了解和掌握企業內部的情況並進

行決策。

借助先進網路模式，比爾蓋茲將公司員工，按各個專案，分成許多不同的「工作小組」。微軟公司內部的各個不同作業系統與應用程式，交給不同的「工作小組」負責開發，以便能夠讓工作人員發揮其創造力，設計出最佳產品。

微軟公司的這種企業文化，使企業得以靈活應對變化中的市場，不遠離消費者。藉由網路連接，員工能夠及時了解企業與經營者的經營理念，知道上面在想什麼，明確責權賞罰，避免推卸責任，打消「混日子」的想法，而這一點對於以「工作小組」為運作核心的微軟公司而言，是非常重要的。

比爾蓋茲不止一次提到電子郵件用起來極為方便。利用網路，他可直接與員工討論工作問題，及時指出錯誤，說明員工及時改正錯誤，限定期限，形成高級系統，保持高效運作。作為員工，利用網路辦公，不需要和公司的管理人員直接見面，可以在任何時間、任何地點就某項工作進行熱烈討論，大大提高了工作效率。

在比爾蓋茲的日常工作中，一條電子資訊通常只是一兩句並不詼諧的話。也許比爾蓋茲將向三四個人傳送此類資訊：「讓我們取消星期一上午９點的會議，每個人用這段時間來準備星期二的會談。怎麼樣？」對此，往往得到很簡潔的回答：好的。

如果這樣的交流看起來很簡單，那麼請記住：微軟公司的普通員工每天會收到幾十條這類電子資訊。一個電子郵件就好比會議上做出的陳述或提出的問題──是人們在通信過程中所想到或要質詢的東西。為了商業目標，微軟公司設有電子郵件系統，但是，就像辦公室裡的電話，它還為社會或個人提供其他多樣的服務。例如，徒步旅行者可以為要找到坐騎上山會把電話打

給「微軟徒步旅行者俱樂部」的所有成員。

每天，比爾蓋茲都要花幾個小時閱讀來自全球的員工、客戶和合作者的電子郵件，並做出答覆。公司中的每一個人都可把電子郵件傳送給他，而比爾蓋茲是唯一一個讀它的人，不必擔心禮儀問題。

當比爾蓋茲旅行的時候，每天晚上，他都把自己的筆記型電腦和微軟公司的電子郵件系統連接起來，補充新的資訊，同時把他在這一天旅行中所寫下的東西傳遞給公司的職員。許多接收比爾蓋茲的資訊的人甚至都沒有意識到他不在辦公室裡。當比爾蓋茲從遙遠的地方和他們共同的網路連繫起來時，也可以點一下某個圖示，以便了解銷售情況，檢查計畫的實施情況，得到任何基本的管理資料。當比爾蓋茲在千萬里之外或幾個時區之外時，只有檢查一下他在公司中的電子郵箱才能讓他放心，因為壞消息幾乎總是從電子郵件中傳來。所以假如沒有什麼壞消息傳來的話，比爾蓋茲就不用擔心了。

建立良好順利的管道是溝通得以進行的保證，那麼，如何使溝通更順暢呢？

1. 管理者要意識到溝通的重要性

溝通是管理的高境界，許多企業管理問題多是由於溝通不暢引起的。良好的溝通可以使人際關係和諧，順利完成工作任務，達成績效目標。溝通不良則會導致生產力、品質與服務不佳，使得成本增加。

2. 管理者要主動溝通

企業的管理者是個相當重要的人物。管理者必須以開放的心態來做溝通，來制定溝通機制。公司文化即管理者文化，他直接決定是否能建立良性機制，構建一個開放的溝通機制。管理者以身作則在公司內部構建起「開放

的、分享的」企業文化。

3. 以良好的心態與員工溝通

與員工溝通必須把自己放在與員工同等的位置上，「開誠布公」、「推心置腹」、「設身處地」，否則當大家位置不同就會產生隔閡，致使溝通不成功。溝通應抱有「五心」，即尊重的心、合作的心、服務的心、賞識的心、分享的心。只有具有這「五心」，才能使溝通效果更佳，尊重員工，學會賞識員工，與員工在工作中不斷地分享知識、分享經驗、分享目標、分享一切值得分享的東西。

4. 與員工互動

管理者們都不希望自己的公司如同一潭死水般沒有生氣，可是在會議或是工作報告等情況中，卻經常存在這樣的問題。要提高員工發表意見的熱情，應對每個員工提出意見表現出樂於傾聽的態度。無論這個意見是否有益，都表示至少在這件事上員工是站在公司的角度，在為公司著想。

在一些公司決策中發揮民主精神，帶動員工討論，並把集體討論中產生的有益的意見及時反映到公司的決策中，這能提高員工的積極性和創造性，使員工樂於以公司利益為主，為公司著想；同時也能使公司的決策更切合具體實際，實現最大利益。

5. 公司內建立良性的溝通機制

溝通的實現有賴與良好的機制，包括正式管道、非正式管道。員工不會做你期望他去做的事，只會為了獎罰和考核去做事，因此引入溝通機制很重要。應制度化、軌道化，使資訊更快、更順暢。

總之，人性的管理離不開有效的溝通，而有效的溝通又離不開必要的管理，因此在全球化的今天，管理溝通的重要性越來越被人們所認識。其實管理很簡單：只要與員工保持良好的溝通，讓員工參與進來，自下而上，而不是自上而下，在企業內部形成運行的機制，就可實現真正的管理。只要大家目標一致，群策群力，眾志成城，企業所有的目標都會實現。那樣，公司賺的錢會更多，員工也將會更有幹勁、更快樂，企業將會越做越強，創造的財富也就越多。

及時處理好員工之間的矛盾

管理者的重要職責就是化解各單位內部的矛盾衝突，建立威信，使大家合作，互相幫助，相互支持，形成有戰鬥力的集體，從而產生團隊的系統功效。

管理者要勇敢面對矛盾衝突，解決問題。因為任何單位，只要進行工作，都會涉及到許多部門、許多人。在部門之間、個人與部門之間、個人與個人之間經常會出現矛盾衝突。管理者如何解決這些矛盾衝突，需要一定的技巧。

經理小李正坐在辦公室裡處理文件，一陣激烈的爭吵打斷了他的思路。他等了一會兒，爭吵不但沒有停止，反而變得更加激烈，甚至還夾雜著一兩句辱罵。

經理小李實在聽不下去了，他拉開了辦公室的門，看見他的兩個部下小趙和小王正臉紅脖子粗地嚷嚷著什麼。「別吵了！」小李打斷了他們，「告訴我究竟是怎麼回事！」

第四章　協調關係，溝通處事─做化解矛盾的高手

「我實在不能忍受了」，小趙說道：「他給我的資料老是出錯，這一次更是錯得離譜。我看他這個人一貫對工作不負責任。」

小王反唇相譏：「胡說，我是有一兩次弄錯過資料，可是問題不在我，是電腦統計時出的錯，你憑什麼說我對工作不負責任！再說你不也經常出錯嗎？你有什麼資格對我指手畫腳。」

小李把小趙和小王兩個人叫進自己的辦公室，對他們說：「你們爭論的問題我已經清楚了。我想說的是，這件事情到此為止，誰也不要再提了。錯誤是在所難免的，我有的時候也會犯錯誤。因此關鍵是找到錯誤的原因，並在今後的工作中避免再犯，而不是非要爭個誰是誰非。你們在一起共事的時間也不短了，我希望你們能夠以大局為重，不要讓個人之間偶爾發生的不愉快影響工作。」就這樣，小李幾句話化解了小趙和小王之間的矛盾

一個企業的管理者要提高企業的管理效能，就必須及時而有效的化解員工間的矛盾，避免或減少內耗，提高團隊凝聚力，才能上下一條心做好一切事情，企業才能和諧發展。

矛盾不是憑空出現的，選擇解決矛盾的方法很大程度上取決於矛盾發生的原因。正常情況下，矛盾的原因可以分為三種基本類型。

溝通差異導致的矛盾：溝通差異是指雙方的意見不一致。人們常常輕易的認為，大多數的矛盾是由於缺乏溝通造成的，但事實上，許多矛盾中卻伴隨著大量的溝通。有一個錯誤的想法，就是將良好的溝通與別人同意自己的觀點等同起來。乍看之下，幾乎所有的矛盾似乎都是由於溝通不暢造成的，進一步分析，不一致的意見是由於不同的角色要求、組織目標、人格因素、價值體系，以及其他很多原因造成的。因此，管理者不能過分重視不良的溝通因素而忽視真正的原因。

　　立場差異導致的矛盾：每一個人或者組織都有自己獨特的利益和觀念，這是導致矛盾的重要原因之一。企業內部，由於組織存在垂直和水平的分化，也就是有不同的部門或者利益團體。這種組織結構上的原因導致整合的困難，其結果就是矛盾。這種矛盾不是個人恩怨造成的，處理起來也很麻煩。

　　個性特徵導致的矛盾：一些人的特點導致別人很難與他們合作。個人的背景、教育、經歷和培訓等因素塑造了每一個人獨特的個性特點和價值觀，其結果有的人令人感到尖刻、不可信任或者陌生。這些人格上的差異也會導致矛盾。

　　當矛盾過於激烈的時候，管理者採用什麼手段或技巧可以減弱矛盾呢？你有五種選擇，包括迴避、隔離、折衷和協商。

　　迴避法：迴避法是一種消極處理方法。迴避矛盾法的運用有其前提條件，即必須保證矛盾沒有嚴重到損害組織的效能。在這種情況下，管理者透過迴避對策，可讓衝突雙方有和平共處的機會。採取這種策略，面臨的挑戰是要密切注視群體間衝突的程度和嚴重性，並研究這種緊張關係對組織經歷的事件可能產生的影響。

　　隔離法：隔離法就是將矛盾雙方分離開來。在各種組織機構中，隔離法是運用最多的矛盾衝突處理方式，是單位內部調節人際關係、提高工作效率的重要方法。工作中，下屬之間、領導階層內部、管理者與下屬之間都會難以避免地產生各式各樣的矛盾，嚴重時還會影響工作的正常進行。其中很多因素在原有格局下一時很難解決，若及時進行人事調整，使矛盾雙方避開直接接觸，就可防止矛盾激化。例如兩個下屬在一個部門，日久生怨，有了矛盾，怎麼處理呢？最好的方法當然是將兩個人「分離」，使其不再經常見面。

折衷法：從嚴格意義上說，折衷法旨在對當事人雙方進行調和，但它並不講究是否對問題加以真正的處理。作為一名管理者，可能常常碰到這樣的情況：在處理下屬間的矛盾過程中，矛盾的雙方均各有道理，但又失之偏頗，很難明確地判明誰是誰非。這時，採用「折衷法」進行調和、息事寧人是一種好的解決辦法，既可使雙方都看到對方觀點的合理之處，又使管理者保持了自己仲裁者的地位，並且可以從各種觀點中提煉精華，吸取各家之長。

協商法：協商法是一種相對比較普遍的矛盾衝突處理方法，同時也是最有效的衝突解決方式。當衝突雙方勢均力敵，雙方的理由都合理時，適合採用這種方法。具體做法是：管理者首先要分別了解衝突雙方的意見、觀點與理由，接下來安排一次三方會談，讓衝突雙方充分地了解對方的想法，藉由有效地交流、溝通，最終達成一致，使雙方的衝突得以化解。

總之，在管理工作中出現矛盾衝突是很正常的事情，沒有矛盾衝突反而不正常。無論是領導與下屬還是下屬與下屬之間產生矛盾都有一定的原因，作為管理者，要針對不同的原因，以不同的方法使下屬重新燃起工作的熱情。這是管理者領導指揮下屬的一項重要職責。

提高組織協調能力

在現實工作中，協調能力是一個管理者必備的基本素質，也是其重要職責之一。

所謂協調，就是指管理者為了實現組織目標，在對組織成員之間、部門與部門、局部與整體利益關係分析的基礎上，採取不同的方法協同各方面的力量和步調相互配合，形成最大合力，達到預期效果的具體過程。

提高組織協調能力的最基本途徑是理論與實踐相結合。管理者要提高這種能力，必須使自己的知識面不斷擴大，絕不能只局限於精通有限的知識。

實際上，除了要具有廣博的管理知識以外，管理工作經驗的累積也是不可忽視的，這是提高管理者組織協調能力的另一條重要途徑。

理論來源於實踐，又反過來成為實踐的準則，現代管理科學的理論就是由無數的管理經驗不斷地合成，使之系統化、理論化而逐步形成的。所以，管理者應當不斷地思考自己的管理經驗，並注重學習吸收各方面的成功做法，這樣日積月累，便可以使自己的組織協調能力逐步完善和提高。

在現實工作中，用來妥善處理與上級、同事和下屬之間人際關係的疏通、協調能力，大致有四項：

1. 了解

所謂了解，就是應該盡可能詳細地了解上級、同事和下屬的長處和短處，並在工作中，揚其所長，避其所短。這是使對方避免感到「為難」，並能更加有效地給予幫助和支持的重要一環。

了解上級，就是要了解上級整體的經營理念與方向，以及與自己在特定工作職位有所局限的差異；了解上級的工作方式，盡可能的相互配合。

了解同事，表現在工作上要相互溝通資訊，協調一致。

了解下屬，便是要了解下屬的工作需要得到什麼支援；了解下屬的心理特徵和情緒變化。

2. 尊重

每一個人都有被別人尊重的欲望，尊重是對一個人的品格、行為、能力

的一種肯定和信任。尊重別人也是一個人優良品格的表現，包括尊重別人的言論、舉止、人格、習慣等等。尊重是相互的，只有尊重別人，別人才會尊重你。相互尊重是協調各種人際關係最重要的一環。只有相互尊重，才能打消對方的疑慮，博得對方的信任。

在工作中，無論是和上司、同事還是下屬接觸，都必須盡力尊重對方，這是取得對方信任、幫助和支持的前提。

尊重上司，獲得上司的信任和理解，避免和上司產生「心理隔閡」，有效地協調上下屬關係，是上級願意積極幫助和支持下屬工作的重要前提。尊重上司，首先表現在「服從」上，對於上司交辦的工作要認真完整的完成；對於上司提出的意見，即使你認為有所不妥，也應該用適當的方式說明，不能陽奉陰違；自己所作的決策的工作要盡量向上司匯報，讓上司知道，不能處處「架空」上司。要讓上司感到，在大政方針上，下屬和其保持一致，工作大膽，既站在有所局限的位置，考慮自身工作，又站在綜觀大局的位置，替上司出點子，想辦法。

尊重同事表現在相互配合，相互信任。在工作上分清職責，掌握分寸，不爭權奪利，不相互推諉責任；相互配合，不相互無原則指責，甚至相互拆臺；嚴以律己，寬以待人，多看別人的長處，少看短處，對自己多看短處，少看長處。

尊重下屬表現在支援下屬和肯定下屬的工作。對下屬的意見和建議要認真聽取、採納；對下屬所取得的成績要及時肯定；尊重下屬的工作方式，對下屬的工作要給予支持。

3. 索取

任何領導人才，也不可能單槍匹馬去開拓新區域。尤其是對一名管理者而言，他必須盡可能取得上司、同事和下屬的支持、幫助和合作。

管理者在爭取上司支持時，不能隨意、盲目地向上司提出各式各樣的非分要求，要了解上司能夠提供什麼，願意提供什麼，切忌強人所難，招之被動；在與同事管理者要求配合時，要看這種配合是否給同事的人帶來麻煩，是否是同事力所能及的；要求下屬完成任務時，要弄清下屬可能遇到哪些困難，單憑他的力量是否能順利完成。

4. 給予

在日常工作中，按對方最希望的方式，給予對方所希望獲得的支援、幫助、信任……是非常重要的。

上司最希望下屬圓滿完成自己交辦的工作任務；相同層級的管理者最希望互相之間建立起一種攜手並進的融洽關係，在親密無間的友好氣氛中進行良性競爭；而下屬最希望獲得的是管理者的「信任」，在困難時刻的有力支持，受到挫折時的熱情鼓勵，以及取得成績後的及時獎勵。

此外，管理者要做好協調工作，必須著眼於以下幾點：

利益協調：利益分配是一個最受人們關注、最為敏感的問題。因此，必須應該引起管理者的極大重視。而且，建立健全社會利益協調機制，協調不同利益主體之間的利益關係，保護職員的根本利益。

價值觀協調：管理者進行工作無疑在與團隊成員、同事管理者和下屬經常接觸，打交道，但由於每個人的價值觀不同，他們所表現出的責任性和工作積極性也不盡相同。所以，對待工作的態度，認識問題的角度，處理問題

的風格，所得出的結論也存在著很大的差異。因此，進行價值觀的協調是非常必要的。

　　資訊協調：在現實工作中，各個組織內的部門、個人獲得工作所需的各種資訊，並增進相互之間的了解和合作，就必須進行必要溝通，否則各部門和個人的工作可能就會發生紊亂，影響到整個組織的運轉。資訊對管理者的領導工作具有非常重要的意義。不能進行有效溝通的管理者，是絕不能成為一個有效管理者的。因為，有效的資訊溝通能為管理者提供工作的方向、了解下屬的需要、了解工作效率的高低等，是做好工作，實現效能化管理的重要條件。

　　目標管理與協調：在現代組織或企業的發展中，目標管理和協調已成為非常重要的內容。目標管理是從目標論發展起來的，藉由設定和實施具體的、中等難度目標的過程，用以提高下屬的工作效率。目標管理的參加者已由早先的只限於管理人員，發展到可以由工作團隊或個人參與，成為組織發展的有效方式之一。

善於說服他人，提高執行力

　　管理者的重要職責就是對下屬進行管理。在工作中，當管理者與下屬對某些事情的看法不一致的時候，管理者為了推動工作的進展，就有可能要說服下屬。說服能力是管理者的重要能力之一，善於說服他人，就能夠爭取到對方對自己觀點和做法的支持，進而征服別人，形成合力，完成工作任務。

　　麥可先生在紐約經營一家服裝公司，但經營一直慘澹，長年入不敷出，一千多名員工的薪資也一直拖欠著。儘管如此，卻不斷有員工要求加薪，不

滿的情緒日益高漲。隨著員工不滿情緒的加劇，公司的業績更是每況愈下。對於公司這樣的勞力密集型工廠來說，工廠員工的薪水占據企業成本相當大的比重，想要為全體員工全面加薪根本不現實。儘管公司已經進行了多次的裁員，但為了勉強維持工廠的正常運轉，已經不可能再解僱其他員工了。

那麼，身處此境的麥可先生是怎麼做的呢？他不僅沒有為全體員工加薪，反而聲稱要全面降薪 3%。這個消息一下子使員工的不滿情緒完全爆發出來。員工們對遲遲不肯加薪已經普遍感到不滿，怎能容忍反而降薪呢？更多的員工失去了工作的積極性，導致整個工廠的生產效率大幅降低，幾乎處於癱瘓的狀態。儘管如此，卻很少有人提出辭職。可能是的經濟普遍不景氣，新工作又不容易找到的原因吧。在這種情形下，員工們一致認為公司即將倒閉。此後，又過了五天時間。員工們都把目光拋向麥可先生身上。

麥可先生面向全體員工，使用公司內部的麥克風發表了講話：「最近五天裡，我茶飯不思，認真地考慮了我們員工的情況。我還同公司各部門的負責人進行了商談。最後我決定放棄降薪 3% 的決定。公司將不再計劃降薪。至於如何降低企業成本的問題，我們將尋求其他解決的途徑。」

已經做好降薪 3% 準備的員工們，一下子安心下來。想必他們會認為：「麥可先生還是會設身處地地為我們的生活考慮的，是位不錯的社長呀。為了社長，讓我們努力工作吧。」但是，如果細想一下：員工們最初的目標不是能夠「加薪」嗎？而社長麥可的最終目的不正是「維持現狀」嗎？如果麥可先生一開始便冷淡地表示「目前公司入不敷出，經營慘澹，加薪非常困難，請大家暫時忍耐一下吧！」的話，儘管結局可能是一樣的，但員工們仍然會抱有不滿的情緒吧。

事實上，麥可先生並沒有這樣說。他首先揚言「降薪 3%」，打擊員工們

理想中的目標，五日後又維持了現狀。他的這種做法，既沒有損害到員工們的積極性，又最終實現了自己的目的。真是一位頗具說服技巧的管理者呀！

在現代企業中，善於說服他人是一名成功管理者的一項非常重要的特質。不論是基層管理還是中高層管理，說服技巧都是領導者必不可少的。如何說服別人？看似深不可測，實際是很淺顯的，也是可以很容易模仿的。以下介紹幾種實用方法：

1. 說服別人要循序漸進

想要員工同意你的意見，第一步就是要設法先了解員工的想法與來源。曾經有一位優秀的管理者這麼說：「假如客戶很會說話，那麼我已有希望成功的說服對方，因對方已講了七成話，而我們只要說三成話就夠了！」其實要首先接受員工的想法。例如，當你感覺到對方對他原來的想法沒有想放棄的態度，其原因是尚有可取之處，所以他反對你的新提議，此時最好的辦法，就是先接受他的想法，甚至先站到員工的立場發言。

如果不能完全了解我們說服的內容者，千萬不可意氣用事，必須把新建議中的重要性及其優點，一下打入他的心中，讓他確實明白。舉一個例子說服別人，第一次不被接受時，千萬不可意氣用事的說：

「講也是白講！」

「講也聽不能！浪費口舌。」

一次說不通就打退堂鼓，這樣是永遠沒有辦法說服成功的。

2. 提高員工「期望」的心理

被說服者是否接受意見，往往和他心目中對說服者的「期望」心理有

關，說服者如果威望高，一貫言行可靠，或者平時和自己的感情好，覺得可以信賴，就比較願意接受他的意見。反之，就有排斥的心理，所以，作為領導者，平時要注意多與員工交往，和他們建立深厚的感情，這樣在工作的時候，就能變得主動有力。

3. 用高尚的動機激勵員工

在一般情況下，每個人都崇尚高尚的道德、正派的作法。所以，在說服員工轉變看法的時候，一個有效的辦法就是，用高尚的動機來激勵他。比如說這樣做將對團隊、社會帶來什麼好處，或將對生活帶來什麼好的變化等等。這往往能夠讓員工幹勁十足。

4. 用真摯的感情來感化員工

當說服一個人的時候，他最擔心的是可能受到傷害，因此，在溝通上先砌一起牆，在這種情況下，不管你怎麼講道理，他都聽不進去。解決這種心態最有效的辦法就是，要用誠摯的態度、滿腔的熱情來對待員工，使他從內心受到感動，從而改變他的態度。

感情是說服的唯一關鍵，如果不能投入感情，整個說服過程就顯得乾巴巴的，讓人聽得很不舒服！不然怎麼說 EQ 比 IQ 還重要呢。合情才能合理，合理才能合法，情理法三者，情更是占據了第一位。所以，說服的過程，實際上就是情感互溶的過程。

5. 用間接的方式促使員工的轉變

說服時如果直接指出員工的錯誤，員工常常會採取守勢，並竭力為自己辯護，因此，最好用間接的方式仍員工了解應改進的地方，從而達到轉為他

的目的。所謂間接的方法是多元的，如把指責變為關懷；用形象的比喻來規勸；避開實質問題談其他相關的事；談別人或自己的錯誤來啟發他；用建議的方法提出問題等等。這就要靠領導者根據實際情況使用。

向員工傳達自己的想法

在企業團隊或組織中，管理者作為統籌規劃者，其想法和建議能不能有效傳達，對工作的成敗具有重大的意義。管理者應當採取公開的、私下的、集體的、個別的等多種方式向員工傳達你的想法。

管理者向員工傳達自己的想法，要具體問題具體分析，針對不同類型的員工採用不同的方法。在日常工作過程中，當你下達給員工一個目標任務時，經常會出現四種不同的狀態和結果。其一，滿懷熱情的承諾目標任務，但卻未必能完成任務；其二，對下達的目標信心不高，但並非不能完成任務；其三，對下達的目標任務信心不足，但卻有實力完成任務；其四，滿懷熱情承諾目標任務，同時也能夠完成工作。

具體對於一項目標任務的達成，除了合理的目標定位外，還取決於員工本身的能力和意願。即：有沒有能力做和願不願意做。而這能力和意願在很大程度上取決於所處員工的四種不同的工作階段和不同的工作狀態。管理者在向員工傳達自己的想法時，對這四種狀態的員工要區別對待，不能全部都用同一種方式指揮。

對於剛開始工作的員工，他們基本上意願極高而能力較差。對於這類願意做而做不好的員工在對其傳達自己的想法時，管理者應多採用命令型管理者風格：應設定員工的角色；提供明確的職責和目標；協助員工發現問題；

明確指導並產生行動計畫；明確告知所期望的工作標準；及時追蹤回饋；可使用一些單向溝通來解決問題和控制決策，如規定其定時向自己做工作報告。這種高指揮、低支援的管理者方法既能幫助員工提高工作能力，同時又要適當約束員工的行為和衝動的想法，更好地幫助、監督員工完成任務。

對於工作了半年左右的員工，由於最初願景和現實比較的落差，他們基本上處於意願下降，而能力經過一段時間的鍛鍊有所提升的狀態。對於這類沒信心做而並非做不好的員工，管理者應多採用教練型管理者風格：應設定員工的目標；確認員工的問題；說明決策的理由並徵求員工的建議，傾聽員工的感受，以促發創意；多讚美、肯定員工的成績，指導員工完成任務。在傳達自己想法的過程中徵求其對完成任務的意見，可以為組織輸入新鮮的血液，促進組織的發展。這種高指揮、高支援的管理者方法既對員工工作能力的提高有所幫助，同時又可以提高員工的自信心，使有能力的員工發揮才智。

對於工作一年左右的員工，他們對工作具有一定的能力但情緒上波動較大。對於這類能做卻不願意做的員工，管理者應採用支持型管理者風格，巧妙地讓員工理解自己的想法。讓員工主動參與確認問題與設定目標；注意多問少說，傾聽和激勵並用，促使員工主動解決問題和完成任務，並承諾與員工共擔責任；必要時管理者還應適當的提供資源、意見和保證；要與員工共同參與決策，分享決策權。這種少指揮、多支援的管理者方法既可給員工提供單獨完成任務的機會，又可大大提高員工的工作意願，使之心甘情願地完成任務。

對於一些資歷深、能力強的核心成員。對於這類能做好也願意做的員工，管理者應採用授權式的管理者風格。應多與員工共商工作問題，共定目

標；讓員工自行制定行動計畫，自己決策；鼓勵員工接受高難度挑戰；就員工的貢獻予以肯定和獎勵，提供成就他人的機會；定期地檢查和追蹤績效。這種少指揮、少支持的管理者方法給員工充分的自主權限，分擔了管理者肩上的擔子。但授權不等於放權，盡可能地暗中觀察，及時檢測，使其基本按照預期路線完成任務，以免因自大、妄為等心理因素最終誤了大事。

　　這些因地制宜、因材施教的管理方法可以在現實管理過程中，最大範圍地滿足員工能力和意願兩方面的需求。更重要的一點是，該過程中及時傳達管理者的想法這一步驟，確保了組織工作前進的方向，有利於增強組織的凝聚力，使大家為了共同的目標而努力奮鬥，不斷創造輝煌。

　　此外，管理者和員工之間的關係是一種平等關係。這種平等既表現為兩者在真理面前的平等上，又表現在人格上的平等。管理者在傳達自己的想法時要與員工商討，誰的意見正確、誰的辦法好，然後照誰的辦法去做。特別是當員工提出反對或難聽的意見時，也要讓他把話說完，然後加以分析，對方正確時要及時修正自己的意見；即使員工的意見不正確，也要耐心地聽下去，再進行必要的解釋、說服和幫助。切記，管理者不能讓自己今天的指揮給明天的管理者帶來種種麻煩。管理者要根據員工的能力和意願，向員工傳達自己的想法，取得良好的效果後，再分配工作。

採用適合的溝通方式

　　溝通是企業管理的重要內容，是實現目標、滿足需要、實現抱負的重要工具之一。良好的溝通不僅可以為個人的工作表現加分，更能為企業的經營管理注入潤滑劑。

在企業管理中，溝通的目的就是消除上下屬誤會、協調各部門之間的行動，因此溝通的關鍵在「通」，沒有「通」，管理者和員工之間說太多也沒意義。溝通是發生在人與人之間的資訊交流，有深刻的內涵和複雜的過程，管理者要想真正在團隊中如魚得水，建立良好的工作環境，就必須好好研究溝通這件事。

協調溝通，從一定意義上講，就是面對面的交談和心靈之間的溝通，最終達到說服、教育、引導的目的。做好這項工作，需要掌握高超的人際溝通藝術。

美國達納公司是一家生產銅製螺旋槳葉片和齒輪箱等產品的公司，主要滿足汽車和曳引機行業的零件需求，擁有 30 億美元資產的企業。1970 年代初期，該公司的員工人均銷售額與全行業平均數相等。到了 70 年代末，在並無大規模資本投入的情況下，它的員工人均銷售額猛增了 3 倍，一躍成為《財富》雜誌（Fortune）按投資總收益排列的 500 家公司中的第 2 位。這對於一個專門生產零件的企業來說的確是一個非凡紀錄。

1973 年，麥斐遜接任公司總經理，他做的第一件事就是廢除原來厚達 57 公分的規則指南，代之而用的是只有一頁篇幅的宗旨陳述。其中有一條是：面對面的交流是連繫員工、保持信任和激發熱情最有效的手段。關鍵是要讓員工們知道並與之討論企業的全部經營狀況。

麥斐遜說：「我的意思是放手讓員工們去做。」他指出：「如不相信這一點，我們就會一直壓制員工們對企業做出貢獻及其個人發展的潛力。可以設想，在一個製造部門，在 2.3 平方公尺的天地裡，還有誰能比機具工人、材料管理員和維修人員更懂得如何操作機具、如何使其生產最大化、如何改進品質、如何使原材料最有效地使用呢？沒有。」他又說：「我們不把時間浪費

在愚蠢的舉動上。我們沒有種種手續，也沒有大批的行政人員，我們根據每個人的需要、每個人的志願和每個人的成績，讓每個人都有所作為，讓每個人都有足夠的時間去盡其所能……我們最好還是承認，在一個企業中，最重要的人就是那些提供服務、創造和增加產品價值的人，而不是那些管理這些活動的人……這就是說，當我處在你們的空間裡時，我還是得聽你們的！」

麥斐遜非常注意面對面的交流，強調與一切人討論一切問題。他要求各部門的管理機構和本部門的所有成員之間每月舉行一次面對面的會議，直接而具體地討論公司每一項工作的細節情況。麥斐遜非常注重培訓工作和不斷地自我完善，僅達納大學，就有數千名員工在那裡學習，他們的課程都是實踐取向的，但同時也強調人的信念，許多課程都由資深的公司副總經理講授。在他看來，沒有哪個職位能比達納大學董事會的董事更令人尊敬的了。

麥斐遜強調說：「切忌高高在上、閉目塞聽和不察下情，這是青春不老的祕方。」

透過面對面的交流，實現管理者與員工之間的協調溝通，是彼此互相信任，進而激發工工作熱情，促進工作效率的提高。

在企業管理活動中，溝通是不可或缺的內容。溝通的能力對企業管理者來說，是比技能更重要的能力，營造良好的人際關係，靠的就是有效的人際溝通。實踐表明，許多優秀的管理者，同時也是溝通高手，一個成功的企業不能僅有外部溝通，生產力來自於企業內部，所以企業內部溝通直接影響組織效率、生產進度、生產完成率和合格率。只有當企業和員工之間有真正意義上的相互理解，並使雙方利益具有最大限度上的一致，這個企業才能快速發展，並得到超高品質的產品和最大限度的利潤。

如果將沃爾瑪（Walmart Inc）公司的管理之道濃縮成一個思想，那就

是溝通,因為這正是沃爾瑪成功的關鍵之一。沃爾瑪公司以各種方式進行員工之間的溝通,從公司股東會議到極其簡單的電話交談,乃至衛星系統。他們把有關資訊共用方面的管理看做是公司力量的新源泉。當公司僅有幾家商店時就這麼做,讓商店經理和部門主管分享有關的資料。這也是構成沃爾瑪公司管理者和員工合作夥伴關係的重要內容。

沃爾瑪公司非常願意讓所有員工共同掌握公司的業務指標,並認為員工們了解其業務的進展情況是讓他們最大限度地做好其份內工作的重要途徑。分享資訊和分擔責任是任何合夥關係的核心。它使員工產生責任感和參與感,意識到自己的工作在公司的重要性,覺得自己得到了公司的尊重和信任,他們會努力爭取更好的成績。

沃爾瑪公司是同行業中最早實行與員工共用資訊,授予員工參與權的,與員工共同掌握許多指標是整個公司恪守的經營原則。每一件有關公司的事都公開。在任何一個沃爾瑪商店裡,都公布該店的利潤、進貨、銷售和減價的情況,並且不只是向經理及其助理們公布,而是向每個員工、計時工和兼職員工公布各種資訊,鼓勵他們爭取更好的成績。山姆‧沃爾頓(Samuel Moore Walton)曾說:「當我聽到某個部門經理自豪地向我匯報他的各個指標情況,並告訴我他位居公司第五名,並打算在下一年度奪取第一名時,沒有什麼比這更令人欣慰的了。如果我們管理者真正致力於把買賣商品並獲得利潤的熱情灌輸給每一位員工和合夥人,那麼我們就擁有勢不可擋的力量。」

總結沃爾瑪公司的成功經驗,交流溝通是很重要的一方面。管理者盡可能地與他的「合夥人」進行交流,員工們知道得越多,理解就越深,對公司事務也就越關心。一旦他們開始關心,什麼困難也不能阻擋他們。如果不信

任自己的「合夥人」，不讓他們知道事情的進程，他們會認為自己沒有真正地被當做合夥人。情報就是力量，把這份力量給予自己的同事所得到的利益將遠遠超過將消息洩露給競爭對手所帶來的風險。

　　沃爾瑪公司的股東大會是全美最大的股東大會，每次大會公司都盡可能讓更多的商店經理和員工參加，讓他們看到公司全貌。山姆·沃爾頓在每次股東大會結束後，都和妻子邀請所有出席會議的員工約 2500 人到自己家舉辦野餐會，在野餐會上與眾多員工聊天，大家一起暢所欲言，討論公司的現在和未來。藉由這種場合，山姆·沃爾頓可以了解到各個商店的經營情況，如果聽到不好的消息，他會在隨後的一兩個星期內去視察一下。股東會結束後，被邀請的員工和未參加會議的員工都會看到會議的錄影；公司的報紙《沃爾瑪世界》也會刊登關於股東大會的詳細報導，讓每個人都有機會了解會議的真實情況。山姆·沃爾頓說：「我們希望這種會議能使我們團結得更緊密，使大家親如一家，為共同的利益而奮鬥。」

　　良好的溝通對員工產生了極大的激勵作用，能給他們帶來巨大的精神鼓舞，透過自身的參與和工作被肯定，使他們感覺到自己對公司的重要性，任何員工都是可以被激勵的，只要他們被正確對待，並得到適當的培訓機會。如果對員工友善、公正而又嚴格，他們最終會把公司當成自己的家。因此，沃爾瑪公司想出許多不同的計畫和方法，激勵員工們不斷取得最佳工作實績。

　　公司每次的股東大會上，經理人員們都喊口號，唱歌，向退休者致敬，並且表揚取得最高銷售額的部門經理，向獲得最佳駕駛紀錄而贏得安全獎的卡車司機表示敬意，為店面陳設最富創意以及在業務競賽中獲獎的員工鼓掌致謝。山姆·沃爾頓說：「我們希望員工知道，作為經理人員和主要股東，

我們衷心地感謝他們為沃爾瑪公司所做的一切。」

所有的人都喜歡誇獎，因此，沃爾瑪公司尋找一切可以表揚的人和事。員工有傑出表現，公司都會給予鼓勵，使員工知道自己對公司多麼重要。以此來激勵員工不斷創造，永爭先鋒。由此又促使員工以正確的方法行事。沃爾瑪相信，做到這一點，人類就會表現出積極的一面。

沃爾瑪公司還積極鼓勵員工講出自己建設性的想法，在公司經理人員辦公會議上，經常邀請一些有真正能改進商店經營的想法的員工來和大家分享他的心得。例如，公司邀請那些想出節省金錢辦法的員工來參加經理會議，從他們的構想中每年可以節約 800 萬美元左右。其中絕大多數想法都是普通常識，只是大家都認為公司已經很龐大而沒有必要那麼做罷了。其中一名運輸部門的員工，對於擁有全美國最大私人卡車車隊的沃爾瑪公司卻要由其他運輸公司來運送公司的採購貨物感到不解，她提出了用公司自己的卡車運回這些東西的辦法，一下子為公司節約 50 萬美元以上。公司表彰了她的構想，並給予她獎勵。多年來，沃爾瑪公司從員工那裡汲取了很多好的想法，並激勵員工不斷為公司的發展出謀策劃，進一步增強員工們的參與意識，使他們真正感到自己的「合夥人」地位。

溝通是管理者與員工進行工作交流與情感交流的重要工具。企業與員工的立場難免有不能共通之處，只有善用溝通的力量，及時調整雙方利益，才能夠使雙方能更好地發展，互為推動。在許多企業中，溝通只是單向的，即只是領導向下屬傳達命令，下屬只是象徵地回饋意見，這樣的溝通不僅無助於決策層的監督與管理，時間一長，必然挫傷員工的積極性及歸屬感。所以，單向的溝通改變為雙向溝通也是十分必要的。俗話說「一個巴掌拍不響」，只有藉由語言的交流、情感的表達讓對方接受、理解自己的觀點、意

見、思路才能達到溝通的目的。

　　溝通不僅是管理者最應具備的技巧，也是企業最需具備的基本體制。只有良好的溝通，才有良好的工作效果；只有無障礙的溝通，才有企業無障礙的未來。

傾聽，有效溝通的關鍵

　　有效的言談溝通很大程度上取決於傾聽，作為管理者，成員的有效傾聽是保持團隊有效溝通和旺盛生命力的源泉，這種傾聽的行動會使管理者與員工之間更具有創造性和策略性的思考，同時傾聽也是解決矛盾與衝突的一種有效的方法。

　　傾聽對管理者至關重要。當員工明白自己談話的對象是一個傾聽者而不是一個等著做出判斷的管理者時，他們會不隱瞞地給出建議，分享情感。這樣，管理者和員工之間能創造性地解決問題，而不是互相推諉、指責。作為有效率的傾聽者，對員工或者他（她）所說的內容表示感興趣，不斷地創造積極、雙贏的過程。這種感情注入的傾聽方式鼓勵員工的誠實、相互尊重、理解和安全感，也鼓勵員工建立自信，反過來增強他們的自尊。

　　喬‧吉拉德（Joseph Samuel Gerard）被譽為當今世界最偉大的推銷員，回憶往事時，他常說起一則令他終身難忘的事。

　　在一次推銷中，喬‧吉拉德與客戶洽談順利，就在快簽約成交時，對方卻突然變了卦。當天晚上，按照顧客留下的地址，喬‧吉拉德找上門去求教。客戶見他滿臉真誠，就實話實說：「你的失敗是由於你沒有自始至終聽我講的話。就在我準備簽約前，我提到我的獨生子即將上大學，而且還提到他的

運動成績和他將來的抱負。我是以他為榮的，但是你當時卻沒有任何反應，甚至還轉過頭去用手機和別人通電話，我一怒就改變主意了！」此番話重重提醒了喬·吉拉德，使他領悟到「聽」的重要性，讓他認識到如果不能自始至終傾聽對方講話的內容，了解並認同顧客的心理感受，就有可能會失去自己的顧客。

「聽」非常重要，傾聽者學會高層次的傾聽，可以在說話者的資訊中尋找感興趣的部分，這是獲取新的有用資訊的契機。高效率的傾聽者清楚自己的個人喜好和態度，能夠更好地避免對說話者做出武斷的評價或是受過激言語的影響。好的傾聽者不急於做出判斷，而是感同身受對方的情感。他們能夠設身處地看待事物，詢問而不是辯解某個問題。

管理者在傾聽時，首先要保持環境的安靜，以便讓傾訴者的情緒平靜下來。盡量不要做其他的事干擾對方的訴說，如果你心不在焉，對方會很快對你失去信任。相反，自始至終保持心無旁騖的傾聽姿態，讓對方感受到你的信任的理解與支持，會有助於對方說出自己的問題，然後心平氣和地商量解決的方法。在傾聽時，通常使用「什麼」、「怎樣」、「為什麼」等詞語發問，這些開放性的提問讓談話者對有關問題、事件做出較為詳盡的反應，這樣的提問會引出當事人對某些問題、思想、情感等的詳細說明。在使用開放性提問時，應重視把它建立在良好的溝通關係上，同時要注意問句的方式、語調，不能太生硬或隨意，只有當事人對傾聽者的信任，才會在提問時有更多的回答。

要成為一名優秀的管理者，用心傾聽員工的擔心、恐懼和觀點，是排在我們工作的首要位置的。而做到這一點很容易，只需要我們安靜傾聽就可以了。記住：不要裝得像個聖人似的「一本正經」地說話，哪怕我們不做任何

事情，也要傾聽。在辦公室裡傾聽，在酒吧裡傾聽，在裝貨倉庫裡傾聽，在工作廠房裡傾聽，隨時隨地都學會傾聽。有相當一部分管理者自欺欺人地認為，下屬員工們就要絕對聽從他們的意見。一些經理人經常會說這樣的話：「我說了這麼多了，你們覺得我的觀點怎麼樣？」這個時候，可能沒有幾個人願意回應你的問話。上帝之所以給我們兩隻耳朵一張嘴，就是要我們少說多聽。如果我們總是張著嘴說話，我們學到的東西肯定非常有限，了解到的真相也會少得可憐。

　　來瑞雪家取貨的是她的老客戶小華。當瑞雪不停地對小華進行產品介紹，不停地說產品如何如何好、對什麼疾病的康復和治療有不錯的輔助營養效果時，小華毫不客氣地打斷了她的介紹，她說：「這些我都知道了，要不我也不會一直買這裡的產品。而且我是一個醫生，營養和療效我比你懂得要多！」緊接著，小華稍稍嘆了一口氣，又繼續說道：「這些產品其實是買給我父親的，他現在得了癌症，住在醫院，我現在買了這麼多，還不知道他老人家能不能享用完。」這個時候瑞雪腦子裡想的更多的是如何多銷售產品，而對小華後面的話幾乎沒有留意到。她還是繼續她的介紹，介紹產品與醫院的藥品之間的區別，以及自己所屬保健公司的專業實力有多麼雄厚等等，同時又繼續推薦其他的一些小產品。結果可想而知，瑞雪的推銷以失敗結束。

　　一位管理者要成功，很有必要先聽聽自己的職員都在說什麼，多聽聽他們的意見和建議，對你的管理工作相當有必要。為了提高工作效率，有些話是永遠不能說的，比如，「一直以來，我們都是這麼做的」。這句看似簡單、常用的話，其實沒有任何積極效果，而且還會與提高效率背道而馳。不要再跟你的下屬說這句話了，如果你想提高效率和績效的話。

第五章　心氣豁達，寬容處事 ──

心胸有多廣，事業有多大

　　寬容處事是一門平衡的藝術，誰不能寬容別人，也就不能管理別人和領導別人。在工作中，掌握這種平衡的藝術，尤為重要。俗話說：「宰相肚裡能撐船。」為人處事能夠懂得謙讓、容忍、寬厚大度，這是高明管理者的處事技巧。管理者有了容人容事的雅量，就能寬容待人，寬恕處事，就能換位思考，將心比心，大度謙讓，誠心相待，盡量去理解人、同情人、諒解人，對人對事就不會計較，這樣才能獲得良好的人際關係。

有容乃大，管理者要有寬廣的胸懷

有一個故事：

有一個家族的族長，負責整個家族的興亡。家族也在他的管理下欣欣向榮。在他想要卸任時，有三個家族的年輕人被推薦到他面前。於是，他讓三人出外遊歷一年，然後再回來報告自己在這一年中所做最滿意的事情。

一年過去了，回來的三個年輕人都回報了自己的經歷。有一個幫助百姓除去惡霸，有一個一路上不斷在用錢財資助弱小的人。還有一個說他沒什麼精彩的經歷，只是某一天看到一個總想傷害他的人睡在一棵快要倒下的大樹旁，他過去推醒這個人，然後繼續上路。

最後結果就是第三個年輕人得到族長的位置。老族長是這樣分析的，幫助別人，很多人都會去做，但是呢，原諒敵人的事情，很少有人能做到。身為管理一個家族興亡的領導者，恰恰需要這種特質。

法國大文豪雨果曾經說過：「世界上最寬廣的是海洋，比海洋更寬廣的是天空，比天空更寬廣的是人的胸懷。」一個胸懷寬闊的人懂得包容和大度，會理解他人，心懷豁達。

寬容是一種美好的情感，一種崇高的境界，是人性綻放最美麗的花朵。著名詩人紀伯倫曾說過：「一個偉大的人有兩顆心：一顆心流血，一顆心寬容。」寬容含有諒解、接納、接受、尊重、引導、謙虛、處下、厚道、厚德及心胸博大等意思。寬容是一種人生態度，一種良好的道德，是擺脫許多生活困擾的良方。

寬容是每一個管理者的美德和修養。「宰相肚裡能撐船」這句俗語就說明了管理者要有寬大的胸懷和氣量。卓越管理者，要學會寬容。寬容是一種

美德，寬容不會失去什麼，相反會真正得到，得到的不只是一個人，更會是得到人的心。

唐代宗大曆二年（西元 768 年）的一天，大將郭子儀的兒子郭曖與妻子昇平公主吵架。郭曖因衝動口出狂言：「你倚仗你父親是皇帝，就覺得有什麼了不起嗎？我父親還不願意當皇帝呢！」正在氣頭上的昇平公主聽後如火上澆油，立刻乘車趕回皇宮，向父皇告狀。

唐代宗聽了昇平公主的哭訴，不但沒有為女兒撐腰，卻反而替郭曖說話：「孩子，你有所不知，你公爹確實是不願做皇帝。要不是這樣的話，李氏的天下早就姓郭了。」

郭子儀聽說這件事後，氣得渾身發抖，立刻命人將郭曖五花大綁，親自帶著他到皇帝面前去請罪。代宗皇帝見後，趕忙將郭子儀請到內宮，安慰道：「俗話說，不痴不聾，難做大家庭的老翁。小夫妻倆在閨房裡說的氣話，你身為國家的重臣，怎麼能去追究呢？」一場犯上大禍，就這樣平息了。

同唐代宗不計較郭曖的冒犯一樣，宋太宗也曾巧妙地寬容了兩位重臣的冒犯。

有一次，宋太宗在北園設宴，請眾臣一起飲酒作樂，其中包括殿前都虞侯孔守正和左驍衛大將軍王榮。席間，孔守正喝得酩酊大醉之時，便和王榮爭論起征戰邊關的功勞。二人越爭越激動，越爭越氣憤，竟然將宋太宗晾在一邊。侍臣實在看不下去，就奏請宋太宗將兩人抓起來，送到吏部去治罪。宋太宗平靜地笑了笑，不但沒有同意，而且吩咐人把他們照顧好，分別送回家去。

第二天，孔守正和王榮酒醒之後，深為昨天的魯莽行為而心驚膽顫。於

是，他們一起趕到金鑾殿向皇上請罪。出乎意料的是，宋太宗對昨天兩人的行為表現出一副全然不知的樣子，說：「朕也喝醉了，實在記不得發生過什麼事。」他們走後，侍臣不解地問宋太宗：「您明明沒喝醉，為什麼說自己也喝醉了呢？」宋太宗說：「編個喝醉了的理由，對他們的冒犯不加追究，既沒有丟失朝廷的面子，又能讓兩位大臣警覺自己的言行，能達到懲前避後的作用也就夠了。」

唐代宗與宋太宗這兩件寬以待人的小事，對當今的管理者來說，是難能可貴的借鑑。

寬容大度是管理者健康心理的重要表現，這種特質反映在管理者身上，就像齒輪之間的潤滑劑一樣，使齒輪減少摩擦，而寬容就是人與人之間的潤滑劑，把人與人之間摩擦減少，增強領導者與被領導者之間的團結。

在日常管理工作中，一個企業管理者往往都要想「大事」，做「難事」。同時，也面臨著各式各樣的困難和壓力，需要妥善處理各種錯綜複雜的關係；工作上千頭萬緒，有時還會遇到團隊其他成員以及下屬的不同意見，凡此種種，都要求管理者要有寬闊的胸懷，要「能容天下難容之事」，能化干戈為玉帛、化腐朽為神奇、化不利為有利，只有這樣，才能真正成就大事，做成難事。

春秋時期，楚王請了很多臣子們來喝酒吃飯，席間歌舞妙曼，美酒佳餚，燭光搖曳。同時，楚王還命令兩位他最寵愛的美人許姬和麥姬輪流向各位敬酒。

忽然一陣狂風吹來，吹滅了所有的蠟燭，漆黑一片，席上一位官員乘機揩油，摸了許姬的玉手。許姬一甩手，扯了他的帽帶，匆匆回到座位上並在楚王耳邊悄聲說：「剛才有人乘機調戲我，我扯斷了他的帽帶，你趕快叫人點

起蠟燭來，看誰沒有帽帶，就知道是誰了。」

楚王聽了，連忙命令手下先不點燃蠟燭，卻大聲向各位臣子說：「我今天晚上，一定要與各位一醉方休，來，大家都把帽子脫了痛快飲一場。」

眾人都沒有戴帽子，也就看不出是誰的帽帶斷了。後來楚王攻打鄭國，有一健將獨自率領幾百人，為三軍開路，斬將過關，直通鄭國的首都，而此人就是當年揩許姬油的那一位。他因楚王施恩於他，而發誓畢生效忠於楚王。

身為一名管理者，要想吸引人、凝聚人，進而成就一番事業，必須具備一種特質——寬容。一個寬宏大量，與人為善，寬容待人，能主動為他人著想和幫助別人的管理者，一定會討人喜歡，被人接納，受人尊重，具有魅力，因而能夠更多地體會成功的喜悅。而一個以敵視的眼光看人，對周圍的人戒備森嚴，心胸狹窄，處處提防，不能寬大為懷的管理者，必然會因孤獨而陷於憂鬱和痛苦之中。

有一家公司下面有很多工廠，在金融海嘯中幾乎全軍覆沒，只有一家工廠一枝獨秀，反而比平常年分賺得更多，大家都去討教管理祕訣，結果答案就九個字：親者嚴、疏者寬、仇者仁。大家都一臉疑惑，老闆便開始講故事：

親者嚴：對自己的心腹或者是子弟兵要用比較嚴格的標準以示眾人，並成為眾人的榜樣。

疏者寬：對於不是自己的子弟兵，要給予比較寬鬆的標準，並施予懷柔政策，使其覺得自己的待遇與子弟兵無異。

仇者仁：對於有仇恨或不喜歡的部屬，在團隊中要給予一視同仁的待遇，並時常施與仁德，以德報怨，使其感受恩澤，致力奉獻團隊。

這就是管理祕訣！

寬容不僅是企業管理者所具備的修養，更是一種處世的原則。管理者學會寬容，就能營造平等、和諧的關係，使企業充滿溫馨，管理富有情趣，管理者與員工之間共同度過一段雙贏的美好人生。

容人之過，寬容比懲罰更具力量

寬容是企業管理者的一種特質。當代社會人才競爭日趨激烈，作為管理者要識才，愛才，惜才，首先必須心胸開闊，襟懷豁達，寬厚為善，這樣才能使各方人才全心全意地為我們企業的發展服務。

20 世紀，要說美國最偉大、最在聲望的外交家，季辛吉（Henry Alfred Kissinger）絕對算得上是其中之一。季辛吉所到之處受盡歡迎，其實和他巨大的人格魅力有著密切的關係。一位曾經在他手下工作過的人這樣說道：「他為人非常和藹，從來不會輕易發怒，即便是部下犯了很大的錯誤時，他也總會合理的引導，讓他們從失敗的陰影中走出來。」

季辛吉在擔任國務卿期間，每天都工作繁忙，日理萬機。他的祕書自然也是非常辛苦，常常一大早起來就開始忙碌，除了吃飯時間，一刻鐘都沒有閒過。有一次，季辛吉對祕書說下班之前要整理好第二天的會議報告，在開會之前交給他。可是，此時的祕書早已累得疲憊不堪，竟然將他交代的工作忘得一乾二淨。

到了第二天開會時，季辛吉向祕書要報告，這位祕書才突然發覺自己的失誤。這是一個非常重要的會議報告，祕書低下頭不敢看季辛吉，心想：「這次禍闖大了，自己一定會被開除的，就算沒有丟掉飯碗，也一定會受到最嚴

屬的處分。」當季辛吉開完會回到辦公室時，這位祕書羞愧的遞上了辭職信。不過，事情卻出乎他的意料，季辛吉並沒有生氣，反而吃驚的問道：「不要一犯錯誤就想到辭職，人都會犯錯，如果人人都和你一樣，那不如都待在家裡算了。」然後，他當著祕書的面將辭職信扔進了垃圾桶，又說道：「我允許我的部下犯錯誤，但關鍵是要從中吸取教訓，下次不能出現同樣的事情。」這句話，影響了祕書整整一生。

季辛吉的氣量令人折服，也讓人明白了他為什麼會如此受到世人的敬重。

任何一個人都可能出錯，管理者要想讓員工有更大的進步就要給員工犯錯誤的機會，不能一出錯就進行懲罰甚至解僱。只有放手讓員工去做，才能充分發揮員工的工作積極性和創造性。如果管理者對於員工的錯誤不能做到寬容和理解，員工就會謹小慎微地對待自己的工作，不敢輕易嘗試新方法和新技術，也就阻礙了工作效率的提升。管理者的寬容不但能夠換來員工的活力和熱情，還能夠得到更高額的回報 —— 企業整體競爭力的提高。

約翰是一個室內裝潢工廠的老闆。有一次，生產線上有一個工人喝得酩酊大醉後來上班，吐得到處都是。廠裡立刻發生了騷動：一個工人跑過去拿走他的酒瓶，領班又接著把他護送出去。

約翰在外面看到這個人昏昏沉沉地靠牆坐著，便把他扶進自己的汽車送他回家。他妻子嚇壞了，約翰再三向她表示什麼事都沒有。「不！卡爾不知道，」她說，「老闆不許工人在工作時喝醉酒。卡爾要失業了，你看我們怎麼辦？」約翰當時告訴她：「我就是老闆，卡爾不會失業的。」

回到工廠，約翰就對卡爾那一組的工人說：「今天在這裡發生的不愉快，你們要全部忘掉。卡爾明天回來，請你們好好對待他。長期以來他一直是個

好工人，我們最好再給他一次機會！」

卡爾第二天果真上班了。他酗酒的壞習慣也從此改過來了。約翰的寬容使卡爾很感動，他一直記在心上。

一年後，地區性工會總部派人到約翰的工廠協商合約時，居然提出一些令人驚訝、很不切實際的要求。這時，沉默寡言，脾氣溫和的卡爾立刻帶頭號召大家反對。他開始努力奔走，並提醒所有的同事說：「我們從約翰先生那裡獲得的待遇向來很公平，用不著那些外來的傢伙告訴我們應該怎麼做。」就這樣，他們把那些外來的傢伙打發走了，並且仍像往常一樣和氣地簽訂我們的合約。約翰用寬容贏得了工人的擁戴，取得了事業的成功。

寬容是一種仁愛的光芒、無上的福分，是對別人的釋懷，也即是對自己善待。寬容是一種生存的智慧、生活的藝術，是看透了社會人生以後所獲得的那份從容、自信和超然。但似乎只有卓越管理者才具備這樣的智慧。

「海納百川、有容乃大」。作為一個企業管理者，容人——是取得事業成功的重要條件。哲人說：「心有多大，路就有多寬。」管理者只有寬以待人，容天下難容之人、難容之事，才能彰顯其寬宏的氣度。放眼古今中外，凡是有所作為的優秀管理者，莫不具有寬闊的胸襟與宏大的器量。正是有了這種良好的特質，才能廣聚人才創造業績。

管理者的寬容對員工來說是一種極大的鼓舞，當員工感受到自己身處一個輕鬆又受包容的環境時，就會認同管理者的管理，從而充分地發揮出自己的創意和想像，最大限度地發揮出自己的潛能，為企業發展貢獻自己的力量。

有一次，某個集團的一位經理在主持專案時，因一時發昏，收了對方回

扣。誰知事後被人發現了，公司上下一片譁然，總經理勃然大怒，在公司高層會議上狠狠地罵了他一頓。

可是，這位經理對公司做出過很大的貢獻，並且工作能力頗佳，在這次醜聞背後還有他的家庭突遇飛來橫禍、經濟拮据的原因。總經理回顧了集團幾年的風風雨雨，又記起了這位經理的功績，既痛恨又惋惜，不禁百感交集。

在沉默許久之後，總經理猛地站起，宣布道：「你去我們集團另一個公司當經理吧，記住，同樣的錯誤不要再犯！」

滿座皆驚。那位經理更是張大了嘴，愣在那裡，幾乎不敢相信自己的耳朵。

事後有人責怪總經理「心太軟」，養虎為患。總經理卻一笑置之。他有把握這麼做，一則那位經理是位不可多得的人才，能力出眾；二則在過去這麼多年的艱辛歲月中，此人忠心耿耿，立下汗馬功勞，從未出現過此類事情；三則那位經理貪財的背後還有一些不可抗力。所以，總經理相信他不會再犯同樣的錯誤。

事實證明，此人到新公司後果真兢兢業業，廉潔奉公，贏得了上下一致的好評。

作為一個管理者而言，如果對員工太過苛求了，任何一點小的缺點都加以責備，則可能讓員工無法與你親近，心理上又無法承受。很多時候，員工已經因為失誤而自責如果管理者繼續糾纏不放，給予嚴厲的指責，往往會讓員工喪失自信心，同時也喪失了對管理者的信任感。如果真是這樣的話，那麼，員工的認知度就會與管理者的意圖背道而馳。因此，一個管理者只有具

備寬容的氣度，才能團結眾人的力量，最大限度地發揮人才的效能，更好地服務於工作。

胡佛是一名美國一級飛行員。他的飛行技術十分高超，飛行經驗十分豐富，在他的飛行生涯中從未出現一次駕駛事故，他由此贏得了同行的敬佩。讓他在同事中建立威信的另一個原因是他有寬容的美德。有一次，他駕駛飛機從聖地牙哥飛到西雅圖，途中飛機的發動機突然起火，飛機隨即下墜，情況十分緊急。胡佛憑著超人的應變能力和豐富的經驗，使飛機安全降落，機上成員安然無恙。可是，飛機卻被燒成了一堆廢鐵。

經過調查，胡佛發現出現問題的原因在於機械師加錯了油，本來應該加螺旋槳飛機用的油，而機械師加了噴氣式客機所用的油。這一小小的失誤不僅造成極大的損失，也讓胡佛等人差點沒命。

胡佛馬上命人找到加油的機械師，機械師也因失事感到萬分難過。大家以為胡佛會大發雷霆，甚至會解僱他。出人意料的是，胡佛拍拍年輕機械師的肩膀，反而安慰說：「年輕人，別難過了，只要知錯能改就行了。你看我的那架飛機還等著你去加油呢。」

胡佛非但沒有責怪機械師，反而安慰他，這需要多大的氣量！

人非聖賢，孰能無過？面對下屬的錯誤，管理者是坦然面對、一笑了之，還是雷霆震怒、睚眥必報，是區分優秀與平庸甚或拙劣的重要標識。前者往往能夠以一種博大的胸懷，寬容下屬的過錯，並給予其改過的機會。可見，寬容是管理者容人之過的一種胸懷。

有一點必須申明，學會寬容下屬的錯誤，並非意味著領導應對下屬所有的錯誤均加以寬容。凡事均有個限度，對於可容忍的、有利於下屬發展進步

的錯誤，應該提倡寬容；對於不可容忍的、基於下屬本身故意的錯誤則一律禁止，不予寬容。

寬容是一則重要的用人之道。作為一個管理者必須要能想得開，看得遠，從發展的角度考慮，從大局考慮，得饒人處且饒人，學會寬容。

廣開言路，善於傾聽別人的意見

俗話說：「三個臭皮匠，勝過一個諸葛亮。」集思廣益，廣泛地聽取別人的意見，對於自身是大有裨益的。這一點對管理者來說尤其重要。

管理者聽取部下的意見不僅僅是可以廣納雅言，更主要的是這種虛心聽取下屬意見的態度會使部下覺得你平易近人。開明納諫，很容易使他們心甘情願地為你出謀策劃，盡心盡力地幫助你走向成功。所以說，一個管理者要有博大的胸懷、雍容的氣度，要能聽得進不同的意見，包括逆耳之言。

唐太宗是一代有道明君，在中國歷史上之所以被人尊崇，和他納諫的過人氣度是有直接關係的。

貞觀四年，唐太宗打算大興土木，興建洛陽乾陽殿。給事中張玄素說，在國家還未恢復元氣的時候，您這樣做的過失比隋煬帝還大，甚至會得到同桀、紂一樣的下場。對如此尖銳的言辭，唐太宗非但沒有動怒，而且接受了意見，下令緩建，還重賞了他。又有一次，唐太宗一氣之下要判處一名偽造資歷的人死刑，大理寺少卿戴冑堅決反對，認為依法應判處流放。唐太宗受到頂撞，十分生氣，戴冑仍然據理力爭，說：法令是國家取信於天下的憑藉，皇帝不能因一時憤怒而殺人。爭辯的結果，唐太宗折服了，並且稱讚戴冑秉公執法。至於以「犯顏直諫」著稱的大臣魏徵，更是常常與唐太宗面諫廷爭，

131

有時言辭激烈，引起唐太宗的盛怒，他也毫不退讓，往往使唐太宗感到難堪，下不了臺。不過事後唐太宗能知道，魏徵極力進諫，是為了使自己避免過失。因而先後接受了魏徵二百多次規勸，還把他比作可以糾正自己過失的一面鏡子。

　　西元 623 年，許多大臣就上書請求李世民封禪。封禪是古代帝王祭告天地的慶功大典，祭祀地點在泰山頂上。李世民也認為開國有功，事業有成，便接受了大臣們的意見，同意赴泰山封禪。此時，魏徵卻力排眾議，認為不可。太宗說：「你不想讓朕去封禪，認為朕的功勞不夠高嗎？」魏徵回答說：「夠高了！」問：「德行不夠厚嗎？」答：「很厚了！」問：「大唐還沒安定嗎？」答：「安定了！」問：「四方的夷族還沒歸服嗎？」答：「歸服了！」問：「年成還不豐嗎？」答：「夠豐了！」問：「符瑞沒有出現嗎？」答：「出現了！」問：「那為什麼不可以封禪？」答：「陛下雖然擁有這六個條件，但自從隋朝滅亡，天下大亂之後，戶口沒有恢復，糧倉還很空虛，而陛下的車駕東巡，隨從如雲，路上的供給耗費不是很容易承擔的。而且陛下封禪，那麼各國君主都要聚集，遠方夷族首領，都要當做隨從。現在從伊水、洛水東到大海、泰山，人煙稀少，滿眼都是草莽，這是引戎狄進入我們的腹地，向他們展示我們的虛弱。何況即便賞賜無數，也不能滿足這些人的欲望。封禪一次，就算免除幾年徭役，也不能補償老百姓的勞苦，崇尚虛名而損害實際，陛下怎麼能這樣做呢？」太宗點頭稱是。又恰逢黃河南北幾個州縣正發大水，封禪之事就被擱置。

　　魏徵去世後，太宗非常懷念他。他常對身邊的大臣說：「一個人用銅作鏡子，可以照見衣帽是不是穿戴得端正；用歷史作鏡子，可以看到國家興亡的原因；用人作鏡子，可以發現自己做得對不對。魏徵一死，我就少了一面好

鏡子。」唐太宗把魏徵看做是了解自己得失的一面鏡子，這既是對他們君臣關係的生動概括，也是對魏徵的公正評價。

唐太宗李世民從維護自己的統治利益出發，對臣下的意見能夠認真聽取，擇善而從，甚至有時抑制住皇帝的虛榮驕傲，不計較言辭的冒犯而納諫，這在中國歷代的封建皇帝中是無人可比的。

能不能聽得進和容得下部屬的直言，在很大程度上取決於管理者的胸襟和氣度。能夠聽取不同意見，甚至是反對意見的人，是一個管理者成熟的重要指標。

從管理角度來說，多聽聽反面意見可以團結持有不同意見的下屬，為他們的意見找到一定的管道宣洩，這有利於化解組織內部的矛盾。對於能幹的下屬來說，管理者樂於聽取他們的意見，有自己的納諫之門，他們就會更積極、更大膽地獻計獻策，會更勇敢地糾正管理者的過錯，更自覺地提出改進工作的建議。反之，如果管理者一聽到反面意見就大皺眉頭，不接受下屬的建議或批評，不參照他們的正確意見、方法、策略，甚至對獻策的人假以辭色，乃至打擊報復，下屬的積極性就會受到限制。

博採眾議最大的好處在於籠絡人心。管理者善於傾聽別人的意見，會使別人心感到受重視，尤其在某些複雜難辦的事情處理上，博採眾議會產生意想不到的效果。

曾長期擔任美國通用汽車公司總經理和董事長的艾爾弗雷德·斯隆（Alfred Pritchard Sloan, Jr.）在一次高級管理委員會的會議上說：「各位先生，據我所知，大家對這項決策的想法完全一致。」與會者紛紛點頭表示同意。「但是，」斯隆先生繼續道：「我建議把對此項決策的進一步討論延後到下一次會議再進行。在此期間，我們可以充分考慮一下不同的意見，因為只

有這樣，才能幫助我們加深對此決策的理解。」

斯隆作決策從來不靠「直覺」，他總是強調必須用事實來檢驗看法。他反對一開始就先下結論，然後再去尋找事實來支持這個結論。他認為正確的決策必須建立在對各種不同意見進行充分討論的基礎之上。

人們常說：「兼聽則明，偏信則暗」。「兼聽」，就是要聽不同意見。可以相信，一個有責任、敢擔當的管理者，定然能夠豁達雅量、開門納諫。他們絕對不會把發表不同意見與「唱對臺戲」、「反對自己」掛鉤，而是自覺地把聽取不同意見作為自己決策過程中的重要而必不可少的程序，作為改進、完善和提升決策水準的重要而必不可少的依據。

有時候，下屬的意見不一定都那麼全面、正確，甚至可能是偏激、逆耳之言，這對管理者是一個考驗。須有虛懷若谷、從善如流的氣度和胸懷，才能做到不求全責備，不聞過則怒，而以「有則改之，無則加勉」來自警，鼓勵下屬多提意見。

總之，善不善於納諫，從某種程度上說，是決定一位管理者是否會成功的重要因素，同時，這可以決定管理者會不會達到他一生中管理事業的最高峰。身為管理者，如果能夠善於聽取不同意見，正確對待不同意見，就能夠察納雅言，洞察秋毫，就能夠團結一切，凝聚人心，就能夠理性判斷，做出正確的決策，就能思路清晰，開闊視野，激發想像力和創造力。

容人之長，敢用比自己強的人

英國學者貝爾的天賦極高，有人說過他若研究晶體和生物化學，定會贏得多次諾貝爾獎。但他卻心甘情願地走了另一條道路 —— 提出來一個個開拓

性的課題，指引別人登上了科學高峰，此舉被稱為貝爾效應。

這一效應對企業管理者來說具有一定的現實意義。它要求管理者具有伯樂精神、人梯精神，在人才培養中，要以企業的大業為重，以單位和群體為先，慧眼識才，放手用才，敢提拔任用能力比自己強的人，積極為有才幹的下屬創造脫穎而出的機會。

美國鋼鐵大王卡內基說過這樣的話：「你可以把我的工廠、設備、資金全部奪去，只要保留我的組織和人員，幾年後我仍將是鋼鐵大王。」卡內基死後，人們在他的墓碑上刻著這樣一段文字：「這裡安葬著一個人，他最擅長把那些強過自己的人，統籌到為他服務的管理機構之中。」卡內基的成功在於善用比自己強的人。在知識經濟時代，管理者更需要有使用強者的膽量和能力。

劉邦，原是草莽英雄，大字也不認識幾個，但他卻推翻了強大秦朝，打敗了項羽，建立了漢王朝。他平定天下之後，在大宴群臣時分析自己得天下的原因時，曾這樣說過：「運籌帷幄之中，決勝千里之外，我不如張良；治理國家，安撫百姓，調集軍糧，使運輸軍糧的道路暢通無阻，我不如蕭何；聯絡百萬大軍，戰必勝，攻必取，我不如韓信。此三人皆人傑也，我能用之，這就是我能得天下的原因。」

可見，其成功在於敢用比自己強的人。劉邦是一個很有自知之明的領導者，他知道自己在很多方面不如手下的人，但他卻敢任用這些強於自己的人，而恰恰這一點，表現出了一個統帥最值得稱道的能力。打天下奪江山如此，其他事業也是如此，這是值得當今企業管理者學習的。

摩根（John Pierpont Morgan Sr.）的成就舉世公認，他的成功祕訣之一就是採用強過自己的人。

　　摩根手下的人才可謂多矣。例如薩繆爾‧史賓賽和查理斯‧柯士達。在摩根集團中，他們為摩根東奔西跑，立下了汗馬功勞。薩繆爾‧史賓賽是個土生土長的美國南方人，比摩根小 10 歲，十分精明幹練。他出身於喬治亞州，在南北戰爭時是南軍的騎兵之一。戰後，他在喬治亞大學攻讀工程學。在當時情況下，學習工程學簡直是件很稀罕的事。

　　畢業後，他進入巴爾的摩俄亥俄鐵路。由於他非凡的才能，立即擔任了總裁室的特別助理，此後便平步青雲，不久即被提升為副總裁。恰巧此時，這條鐵路由於赤字瀕臨破產，終於落入財產管理人手中。真是「受命於危難之際」，他的上任，使這條鐵路起死回生。他的卓越管理才能在這裡得到了最充分的發揮，人們對他都十分尊敬。

　　而史賓賽之所以成為摩根的左臂右膀之一，是在當債務人依賴摩根救濟時，摩根從他的經營與管理中很快就發現了他的過人之處，他覺得史賓賽在某些方面甚至已超過自己。對於求才若渴的摩根來說，發現人才，任用人才是他的最大愛好，他絕不會放過任何一個人才。當他發現史賓賽的過人之能時，他知道，他要的人才就在眼前，他要把他納於自己的麾下。

　　摩根很是欣賞史賓賽的才華，將他提升為總裁。而史賓賽也不辜負主人的一番美意，負責償還了 800 萬美元的債務。因此，更加博得摩根的青睞。

　　另一位親信參謀 —— 查理斯柯士達年紀更輕，甚至比史賓賽還小 5 歲，正是大展雄風的好時光。他是德雷克希爾－摩根公司的職員。

　　獨立戰爭前，柯士達的祖先就以紐約為生意據點。經營西印度群島的砂糖、咖啡及蘭姆酒的貿易行業。他的血脈裡繼承著祖先的一切優良傳統。他為摩根所賞識並重用，是在華普利與摩根共組辛迪加投資銀行的時候，被摩根用挖牆腳的方式挖過來的。

他的膚色較一般人白，長在白色皮膚上的銀色細毛，顯示出他神經的纖弱。他是個兢兢業業的人，屬於典型的勤勉型，每天早晨 6 點左右就出門上班，一直工作到深夜，甚至還將文件帶回家看。

當他接到摩根發出的「鐵路摩根化」的命令時，就得花上一個月的時間，調查這條鐵路。為了全面徹底地進行調查，他簡直是披肝瀝膽，嘔心瀝血。

他不僅乘火車觀察，甚至走下月臺，靜坐在飛馳而來的列車旁，徹底查看枕木與鐵軌的狀態。當然，他也會開動火車頭一試。他能夠花最少的錢，賺回最大的利潤。他這位股肱參謀，摩根倚重有加。他把工人當做自己的手腕一樣靈活運用，使得鐵路的「摩根化」徹底成功。

作為一個企業的管理，最擅長的能力應該是把那些強過自己的人組織到他管理的機構中，把行家統合起來。在企業內部，人才是最寶貴的財富。管理者要敢用比自己強的人，才能最終走上事業的發展軌道。

阿東和阿廣是企管系的同班同學，三年前，兩人同時去一家公司應徵人事經理的職位。因為兩人在各個方面的程度都相差無幾，公司總裁也難以迅速決斷，於是便決定讓兩人各自到人才市場聘一名人事主管，然後根據他們的實際表現來決定取捨。

聘人那天，應徵的人多得讓人喘不過氣來。但經過和應徵者短暫的交談之後，阿東覺得這些應徵者不是理論知識匱乏，就是實際經驗不足。抱著寧缺毋濫的心態，阿東一個也沒看中，一天下來無功而返。但回到公司後，阿東發現阿廣已經錄取了一個。令阿東吃驚的是，被錄取者竟是被他淘汰的。

阿東覺得有些疑惑，覺得阿廣的眼光不至於如此之差，便問阿廣為什麼做出這樣的選擇。阿廣笑了笑，故作深沉地說出了自己的「高論」：「你想，

如果你的下屬處處比你強，你還能有好日子過嗎？早晚都要被他頂下來。但若錄取一個比我差的人，我就可以穩坐現職而無後顧之憂了……」

阿東簡直對阿廣佩服得五體投地，心裡不停地責怪自己怎麼連這麼簡單的「人事之道」都想不明白呢！心想這個職位已非阿廣莫屬了！回到公司，阿廣得意地將他招來的人介紹給了總裁，等待著總裁的好消息：而阿東則一臉愧疚地對總裁說，因為沒有合適人選所以只好空手而歸。

但出人意料的是，總裁當眾宣布阿東被錄取了！而阿廣只好和他那個「可靠」的下屬另謀出路了。

就職那天，總裁將阿東叫到自己的辦公室，遞給阿東一個特製的布娃娃，說：「請你將它打開。」阿東有些摸不著頭腦，疑惑地將布娃娃打開，驚奇地發現裡面竟是一個更小的布娃娃，再打開，裡面又是一個小的，如此重複了三四次，直到在最小的裡面看到一張紙條，上面寫著：「這個職位關係著公司的發展，如果你總是找比你差的職員，那麼公司就會像這個布娃娃一樣越來越小，最後成了侏儒企業，甚至會消失。只有敢錄取能人，我們的公司才能迅速發展壯大……」

阿東頓時明白了「精明」的阿廣為什麼會落選……

在企業的發展過程中，管理者敢不敢用能人、用強過自己的人，這是管理者在用人上對自己的最大考驗。能否做到這一點，取決於管理者的心胸、態度、膽識和魄力。若能大膽起用比自己能力強的人，被起用者得到的是機會，是鍛鍊，是信任，他們就會努力工作，追求卓越，他們就會有「兩肋插刀」的情懷與奉獻，管理者的才幹也就能隨之展現，組織、團隊更能很好地發展。

　　管理者需要有使用強者、能人的膽量和氣魄。重用比自己更優秀的人，能夠讓企業變得越來越有活力，越來越有競爭力。雖然如此，但「敢不敢用比自己強的人？」這恐怕一直是管理者在用人中對自己最大的考驗，同樣也是管理者最容易犯的錯誤。但現實中，我們常常看到這樣的現象：有些管理者者把別人的進步當成是對自己的威脅，對能力和學識超過自己的下屬百般詆毀，甚至是排擠。

　　曾經有這樣一家公司，原先該公司的總經理與副總經理能通力配合、管理，員工都能好好發揮。後來，總經理進修，來了個代理經理，這位代理經理是位嫉妒心很強的人，他認為副總經理在公司裡根基深，業務能力比他高，他新上任，在不少問題上等於副總經理說了算，嚴重影響了他的威信。於是，找藉口將副總經理調至其他部門，而把一直跟他工作的祕書提為副總經理，並把一批唯命是從、不學無術的人提拔到身邊的職位上。結果公司裡空氣沉悶，不少能力強的人也都先後離開公司到別的公司去了。該公司當年產值就下降了 9%，下一年又下降了 15%。直到總經理回來，挽回了困境，局面才得以扭轉，公司才又慢慢地走上了正軌。

　　由此可見，作為管理者，必須擁有廣闊的心胸，克服嫉賢妒能的心理。有些管理者之所以不用比自己強的人，除了怕這些難以駕馭，甚至會搶了自己的飯碗之外，主要是嫉賢妒能的心理在作怪。總以為自己是領導，自己應該是最強的，各方面都應該比別人高上一等。因此，遇見比自己能力強、本領大的人時，就萌生嫉妒，採取種種辦法壓制。如此一來，有能力的人就沒辦法工作了。強者的優ˇ點發揮不出來，積常遭打擊，企業的工作成績也就無從談起。所以，對於企業的管理者者來說，嫉賢妒能無異於是自掘墳墓。

　　管理者若想使企業充滿生機活力，就必須選賢任能，僱請一流人才。是

否敢用比自己強的能人，是一個管理者的肚量問題。作為真正聖明的管理者，應該有容人之長的勇氣，給予強者充分展示才華的能力，讓其更好地為企業、為自己服務。

對於一個管理者來說，容人之長不僅是事業的需要，也是應有的覺悟、胸懷和品格。只有對人寬宏大度，容人以德，才能感人，令人尊重，也才能吸引大批賢才。

容人之短，包容為上

包容是管理者識人用人的一種智慧。這要求管理者必須容人之短，不可求全責備。管理者如果過分地追求完美和苛求下屬，即使是優秀的人才，最終也成了庸才。駿馬能歷險，犁田不如牛；堅車能載重，渡河不如舟；捨長以就短，智者難為謀；生材貴適用，慎勿多苛求。管理者只有海納百川，尊人之長，容人之短，發揮他們的優點、克服他們的缺點、彌補他們的弱點，才能廣納人才，才盡其用。

子發是楚國的一位將領，他特別注意選拔人才。楚國有一位擅長偷竊的人聽說了這件事，便去投靠子發。小偷對子發說：「聽說您願意使用有技藝的人，我是個小偷，以前不務正業，如果您能收留我，我願意為您當差，以我的技藝為您服務。」

子發聽小偷這麼說，又見他滿臉誠意，很是高興，連忙從座位上起身，對小偷以禮相待，竟連腰帶也顧不上系緊、帽子也來不及戴端正，小偷見子發果然是真心，簡直是受寵若驚了。

子發手下的官員、侍從們都勸誡說：「小偷是天下的盜賊，為人們所不

齒，您怎麼對他如此尊重？」

子發擺擺手說：「你們難以理解，以後就會明白的，我自有道理。」

適逢齊國興兵攻打楚國，楚王派子發率領軍隊前去迎戰齊兵，結果，連續交鋒 33 次，楚軍都敗下陣來。

軍帳內，子發召集大小將領商議退兵的策略，將領們想了好多計謀，個個忠誠無比，可是對擊退齊兵卻一籌莫展，而齊兵反而愈戰愈勇。

面對緊張的形勢，那個小偷來到帳前求見，主動請纓。小偷說：「我有個辦法，讓我去試試吧。」子發現沒有什麼好辦法，也就點頭同意了。

於是，夜間小偷溜進齊軍軍營內，神不知鬼不覺地將齊將首領的帷帳偷了出來，回到楚營交給了子發。子發便派了一個使者將帷帳送還齊營對齊軍說：「我們有一個士兵出去砍柴，得到了將軍的帷帳，現前來送還。」齊兵面面相覷，目瞪口呆。

第二天，小偷又潛進齊營，取回來齊軍首領的槍頭。子發派人送還。

第三天，小偷第三次進了齊營，取回來齊軍首領的頭髮簪子。子發第三次派人將簪子送還，這一回，齊軍首領驚恐萬分，不知所措。齊軍軍營中議論紛紛，各級將領大為驚駭。於是，齊軍首領召集軍中將士們商議對策，首領對大家說：「今天再不退兵，楚軍只怕要取到我的人頭了！」將士們無言以對，首領立即下令撤軍。

齊軍終於退兵而走，楚營內大大嘉獎了那個立功的小偷，眾將士無不佩服子發的用人之道。

尺有所短，寸有所長。每一個人才都有自己的優點和缺點，對於企業管理者來說，對待人才要辯證地看待。不要緊盯著人才的短處，而要善於利用

人才的長處。同時，更要有大度的心態，善於容人之短。如果你能夠寬容待人，收穫必將更多。

《資治通鑑》記載了這樣一則故事：

有一回，子思向衛侯推薦一個人才，說：「這個人有軍事才能，可以統率三萬七千五百人。」當衛侯知道推薦的人就是苟變時，表示不同意，說：「這個人我知道，他在向老百姓徵收田賦時，曾經白白吃過人家兩個雞蛋。」聽到這裡，子思說：「君主用人，好比木匠用木料，取其所長，棄其所短，合抱的大樹，雖說爛了幾尺，木匠也不會因此而把它丟掉。現在，正是戰爭紛起，需要用人之際，你怎麼能因兩個雞蛋的事而丟棄一員大將呢？」一番話，使衛侯茅塞頓開，接受了子思的意見。

人的成長受多種因素的影響和制約，因此一個人諸個方面發展是不平衡的，必然有所長和有所短。一個人如果沒有缺點，那麼他也就沒有優點。現實生活中的情況是：缺點越突出的人，其優點也越突出。如果一個管理者能在用人的時候能有「容人之短」的度量和「用人之長」的膽識，就會找到幫助自己獲取成功的滿意之人。

中尾原來是由松下公司旗下的代工廠僱用的。一次，代工廠的老闆對前去視察的松下幸之助說：「這個傢伙沒用，盡發牢騷，我們這兒的工作，他一樣也看不上眼，而且盡講些怪話。」松下覺得像中尾這樣的人，只要給他換個合適的環境，採取適當的使用方式，愛發牢騷愛挑剔的毛病有可能變成堅持原則、勇於創新的優點，於是他當場就向這位老闆表示，願讓中尾進松下公司。中尾進入松下公司後，在松下幸之助的任用下，果然弱點變成了優點，短處轉化為長處，表現出旺盛的創造力，成為松下公司中出類拔萃的人才。

俗話說：「金無足赤，人無完人。」管理者只有全面、客觀地看待一個人，容人之短，用人之長，形成共創大業的合力。如果一個管理者，老是挑剔下屬的毛病，就會極大地削弱他們的工作熱情，甚至會使他們產生反感，這樣就會影響他們的積極性、主動性和創造性，以及在工作中的發揮，從而對企業發展產生不利的影響。

美國南北戰爭時期，南方統帥李將軍手下的將領，因為不按命令列事，全盤破壞了李將軍的計畫。這個將領已經不是第一次這麼做了。李將軍並非暴躁之人，這一次也忍不住大發雷霆。一個助手等他平靜下來，恭敬地問：「您為什麼不解除他的職務呢？」李將軍轉過頭來，滿臉驚訝地看著助手，說：「多愚蠢的問題 ── 他能帶兵打仗啊。」

魯迅曾尖銳地指出：「倘要完全的書，天下可讀的書怕要絕滅；倘要完全的人，天下配活的人也就有限。」有高峰必須有深谷，誰也不可能全能全才。管理者在任何時候都不能因為一個人有缺點，就埋沒他的才能。

管理者用人時要用人之長，容人之短。事實上完美的人才是沒有的，也正是這一缺陷考驗著每一位管理者用人的才幹：一個不合格的管理者，只會看人之短，而不會用人之長；一個優秀的管理者，則會用人之長，而不過分關注人之短。事實證明，在選用人才時，凡是能寬容其短處而大膽用其長處的管理者，多能成就一番事業。

用人不疑，充分信任你的下屬

現在，國外一些企業非常強調「面向人，重視人」的管理。這種管理的關鍵是對下屬的信任。人性有其共同的特點，就是希望使自己成為重要的人

物，得到組織的承認和重視。基於這一點，在管理中充分地信任下屬，使之時時處處感覺到自己在受上司的重視，無疑是對下屬的激勵和鞭策。美國坦登電腦公司董事長詹姆斯‧特雷比格說過：「我們的出發點是，員工都是成人，不是孩子。」可以說，信任就是力量，信任會給事業帶來巨大的成功。

　　一位華人主管看見美國調色師正在調口紅的顏色，走過去隨便說了一句：「這口紅好看嗎？」美國調色師站起來：「第一，親愛的于副總（美國人通常都是叫名字的，叫了頭銜就表示心中不太愉快了），這個口紅的顏色還沒有完全定案，定案以後我會拿給你看，你現在不必那麼擔心。第二，于副總，我是一個專業的調色師，我有我的專業，如果你覺得你調得比較好，下個禮拜開始你可以調。第三，親愛的于副總，我這個口紅是給女人擦的，而你是個男人。如果所有的女人都喜歡擦，而你不喜歡沒有關係，如果你喜歡，別的女人卻不喜歡，完了。」

　　「對不起，對不起……」主管知道自己的問話有些不妥，連聲道歉。

　　由此可見，真正意義的授權要信任他們、放心讓他們去承擔任務。如果管理者在賦予員工權力時又擔心他們會犯錯誤，橫加干預，指手畫腳，這等於根本沒有賦予權力。所以，優秀的管理者要做到放心的授權，即用人不疑，疑人不用。相信一個人的能力，還要委託他一定的任務，這樣才能發揮人才的作用。

　　俗話說「帶人如帶兵，帶兵要帶心」，只有贏得下屬的信任，建立相互信賴的關係，授權才能真正發揮作用。

　　戰國初年，魏文侯派大將樂羊討伐中山國，碰巧的是，樂羊之子樂舒當時正在中山國為官。兩軍交戰，中山國想利用樂舒迫使魏國退兵，樂羊不為所動。為把握勝局，樂羊對中山國採取了圍而不攻的策略。消息傳到魏國，

一些讒臣紛紛向魏文侯狀告樂羊以私損公。魏文侯不予輕信，馬上決定派人到前線勞軍，並為樂羊修建新宅。樂羊圍城數日，待時機成熟，一舉破城。滅了中山國。班師回朝後，魏文侯大擺慶功宴，酒足飯飽，眾人離席後，魏文侯叫住樂羊，搬了一個大箱子令其觀看，原來裡面裝滿了揭發樂羊圍城不攻，私利為重的奏章。樂羊激動地對魏文侯講：「如果沒有大王的明察和氣度，我樂羊早為刀下之鬼了。」

由此看來，上下屬之間只有建立起相互信賴的關係，才能使授權順利有效。否則，上級對下屬疑慮重重，事事過問，而下屬對上級也懷有戒心，不敢放手工作，那就無所謂授權了。

有些管理者不信任那些比自己職位低的人，認為他們不夠聰慧，因此不能正確決策，或者懷疑他們是否與自己的目標相一致，或者懷疑他們是否掌握了與高層管理者一樣多的資訊或是想法。如果這樣不被信任，會讓員工感到不自信，不自信就會使他們感覺自己不會成功，進而感到自己被輕視或拋棄，從而產生憤怒，厭煩等不良的牴觸情緒，甚至把自己的份內工作也「晾在一旁」。所以說，一個管理者如果不相信下屬，那麼就很難授權於下屬，即使授了權，也形同虛設。

有些管理者總會抱怨下屬的被動和機械、凡事沒有判斷和主見。殊不知，這只是下屬的一種習慣。如果管理者給予他們更多的信任並充分授權，他們就會向你證明他們值得你這麼做。

在一家中型電腦公司，一位員工將自己擬好的銷售計畫在下班時塞在了經理辦公室的門把手上，不久，他便被邀去說明情況。在他進門後，經理開門見山地說：「計畫寫得不錯，就是字體太潦草了。」這位員工緊張的心放鬆了下來，隨即問道：「這項計畫是不是預算開支較大啊？要不要我再與兩個同

事一起來修改，然後再向您報告一下。」經理不等他說完便打斷了他：「費用問題對於我們公司來說是不大的，我看計畫確實不錯，你要有信心做好，那就去做吧，別讓時機錯過了！」

員工先是大吃一驚，然後信心十足地拿起計畫離開了，大約兩個月以後，這位員工將銷售業績擺在了經理桌上，又說起了擴大行銷的策略。

這位經理事後說道：「如果當時我們再去審核、考證，那不但貽誤戰機，而且肯定對員工產生心理上的負擔，要知道，牽扯這麼大數目的費用，他再有膽量，也還是要猶豫的，看看，現在不是做成了嗎，給他們留出充分的發揮空間，對我與組織都沒壞處！」

信任可以增強下屬的責任感。作為管理者，只有對下屬充分地信任，以信任感激勵下屬的使命感，下屬才能更加自覺地認識到自己工作的重要性，才能在工作中盡職盡責。

作為企業管理者，應該「用人不疑，疑人不用」，如果你將某一項任務交給你的下屬去辦，那麼你要充分信任你的下屬能辦好，因為信任具有無比的激勵威力，是授權的精髓和支柱。在信任中授權對任何員工來說，都是一件非常快樂而富有吸引力的事，它極大地滿足了員工內心的成功欲望，因信任而自信無比，靈感迸發，工作積極性驟增。

日本本田公司創始人本田宗一郎是一個技術天才，對經營管理既無興趣也不在行，他為什麼能將公司經營成一家世界級大公司呢？這得益於他用人的魄力。他用人不疑，敢將權力交托給別人。

他最得力的助手是藤澤武夫。此人是個經營管理專家，與本田的能力正好互補。本田將公司管理大權全部交給他，自己一頭鑽進技術裡。偶爾來到

總公司，不管三七二十一，把員工全部訓斥一番。還沒等別人反應過來，又旋風般紮進研究所，經常三天三夜不眠。由於公司經營權全部由藤澤掌管，「本田從未見過印信」，就成了企業界的著名話題。本田在接受媒體採訪時，坦率地說：「我這個人根本考慮不了其他事情，即使有其他賺錢的買賣也做不了，也沒有去做的勇氣。另一點，我是搞技術的人，對財務上的事一竅不通，我將它交給藤澤君來經管。能與藤澤君合作是我最幸運的事，本田公司也因此才發展到今天的規模。」

由於本田宗一郎大膽授權，充分發揮了人才的潛力，增強了員工的使命感。公司也因此得到了長足發展。現在，本田公司已經成為日本最大的汽車公司之一。

授權必須要以管理者和下屬之間相互信任的關係為基礎，一旦你已經決定把職權授予下屬，就應該絕對信任，不得處處干預其決定；而下屬在接受職權之後，也必須盡可能做好分內的工作，不必事事向上級請示。

授權應該建立信任的基礎上，信任才是最有效的授權之道。授權以後的充分信任等於給了下屬一個平台、一種機會，讓他感覺自己受尊重，讓其有個廣闊的空間施展抱負。

擺正心態，克服嫉妒心理

舉世聞名的大化學家大衛發現了法拉第的才能，於是將這位鐵匠之子、小書店的裝訂工招到皇家學院做他的助手。法拉第進入皇家學院之後進步很快，接連產出多項重要發明，就連大衛失敗的領域他也取得了成功。

然而，當法拉第的成績超過大衛之後，大衛心中不可遏制地燃起了嫉妒

之火。他不僅一直不改變法拉第實驗助手的地位，還誣陷他剽竊別人的研究成果，極力阻攔他進入皇家學會。這大大影響了法拉第創造才能的發揮。

直到大衛去世，法拉第才開始其真正偉大的創造。

大衛本應享受伯樂的美譽，卻因嫉妒心理阻礙了法拉第的迅速成長，不僅給科學發展帶來了損失，也使自己背上了阻礙科學發展的惡名，留下了令人遺憾的人生敗筆。

培根說：「每一個埋頭沉入自己事業的人，是沒有功夫去嫉妒別人的。」換言之，凡是產生嫉妒心理和行為的人，是沒有把心思「埋頭沉入自己事業的人」。

嫉妒心理，是一種束縛手腳、阻礙事業發展與創新、影響工作的情緒。其特徵是害怕別人超過自己，忌恨他人優於自己，將別人的優越處看做是對自己的威脅。於是，便借助貶低、誹謗他人等手段，來擺脫心中的恐懼和忌恨，以求心理安慰。管理者的嫉妒，是一種卑劣、具有嚴重破壞性的情緒，比一般人的嫉妒更具危害性。

管理者的嫉妒大多是由於社會對自身的評價產生的，嫉妒的中心往往是對方的地位、名譽、權力和業績。從積極的方面說，嫉妒可以成為競爭的動力和源泉，但其消極影響遠遠大於積極影響。嫉妒往往使管理者變得偏激，帶來心理緊張和攻擊性行為，甚至做出違反道德準則和法律法規的事情，最終有損於他人，也有害於自己。

戰國時，張儀和陳軫都投奔到秦惠王門下，受到重用。可不久，張儀便產生了嫉妒心，因為他覺得陳軫有才幹，比自己強很多，擔心時間一長，秦王會冷落自己，偏喜陳軫。於是他就找機會在秦王面前說陳軫的壞話，

進讒言。

一天，張儀對秦惠王說：「大王時常讓陳軫來往於秦國和楚國之間，可現在楚國對秦國的關係態度並不比從前友好，反而對陳軫卻特別好。可見，陳軫在全心全意為自己謀利，並不是誠心誠意為我們秦國做事。還常說陳軫把秦國的機密洩露給楚國。作為您的臣子，怎麼可以這麼做呢？我不願意與這樣的人一起共事。況且最近我又聽說他打算離開秦國到楚國去。要是這樣，大王倒不如殺掉他。」

聽了張儀這番挑撥，秦王自然很惱怒，馬上傳令陳軫進見。一見面，秦王就對陳軫說：「聽說你想離開我，準備上哪兒去呢？告訴我，我好為你準備車輛呀！」

陳軫一聽，摸不著頭腦，只是兩眼直盯著秦王。很快他便明白過來，這裡面一定有原因，於是鎮定地回答：「我準備到楚國去。」

秦王心想果然如此。對張儀的話更加相信了，他緩緩地說：「那張儀的話並不是虛構了。」

陳軫心裡完全清楚了。原來是張儀在搞鬼！他沒有馬上正面回答秦王的話，而是定了定神，不慌不忙地解釋說：「這件事不僅張儀知道，連過路的人都知道。從前，殷高宗的兒子孝己非常孝敬自己的繼母，故而天下人都希望孝己能做自己的兒子；吳國的大夫伍子胥對吳王忠心耿耿，以至天下的君王都希望伍子胥做自己的臣子。所以說，出賣奴僕和小妾，如果左右鄰居爭著買，這就說明他們是忠實的奴僕賢良的小妾，因為鄰居非常了解他們才爭相去買；一個女子，因為同鄉的年輕人爭著要娶她為妻，這就說明她是個好女子，因為同鄉的人比較了解她。反過來如果我忠於大王您，楚王又怎麼會要我做他的臣子呢？我忠心一片，卻被懷疑，我不去楚國又到哪呢？」

　　秦王聽了，覺得有理，點頭稱是，不僅不再懷疑陳軫，而且更加重用他，給了他更豐厚的待遇，相反對張儀冷淡了許多。

　　這是一個很明顯的教訓，嫉妒者無不以害人開始，以害己而告終。

　　嫉妒是一種卑劣的情緒。管理者如果有嫉妒心，就會在本組織中造成一種緊張的氣氛，不僅會打擊受妒者，而且由於散布流言蜚語，會引起不知情者的議論和猜測，從而打破了團體的安寧，把人們的注意力從為組織目標齊心奮鬥轉移到評說是非之上，使人心渙散，或觀望徘徊，或「窩裡鬥」，或另奔他鄉，使團體遭到破壞 —— 嫉妒成了害群之馬。

　　嫉妒是企業管理者的一大心理障礙。具有嫉妒心理的領導者，不僅會給他人和自己帶來損害，而且還會給集體帶來損害。因此，必須讓自我意識調節與控制心理，來抑制或消除這一不健康的心理活動。

　　以達觀平和的態度處人處事。管理者要坦然豁達地面對人才的成就和進步，正確地看待這些人成為時代驕子，真正成為情感的主人，消除可能致疾的一切隱患，從病態的自卑、自責、自狂、自我崇拜中解放出來。

　　客觀公正地評價自己和他人的能力。在承認他人成就、承認差距的同時，管理者要重新認識自己、發現自己和創造自己。社會是紛繁複雜的，人與人之間的差距有時是由個人難以控制的客觀因素造成的，無需讓嫉妒的心態困擾和折磨自己。這樣，你就會從嫉妒中突圍，在事業上更上一層樓。

　　廣交人緣。大凡嫉妒心強的人，社交區域較小，視野也不開闊，只做「井底之蛙」，不知天外有天。只有投身於人際關係的海洋裡，才能逐漸鈍化自私、狹隘的嫉妒心，增強容納他人、理解他人的能力。

第六章　不偏不倚，公正處事——

用好公平公正這把尺

公平、公正是人心所向，是一種人的基本需要。「公生明，偏生暗」世人皆知。公正處事就是要求管理者處事公道，嚴格按制度辦事，按規矩辦事。在制度面前人人平等，不厚此薄彼，不護親賣疏，做到言為士則，行為世範。責於下者，必先禁於上。實踐證明，管理者能否得到下屬的擁護和愛戴，很大程度上取決於工作是否公平公正公開。如何在工作中公正無私，是對管理者綜合特質的全面考驗，更是其綜合能力的展現。所以，管理者處事務必要公平公正。

賞罰要公正嚴明

賞罰是管理者不可迴避的現實問題。人們常說「賞罰嚴明」。這是對賞罰問題的要求。

《六韜》曾云：「以誅大爲威，以賞小爲明；以罰審爲禁止而令行。故殺一人而三軍震者，殺之；賞一人而萬人說者，賞之。」。從現代管理的角度來講，賞罰之所以是管理團隊的有效手段，就在於它的公正性。因此，懲罰要鐵面無私、六親不認，獎勵更要實事求是、論功行賞。如果失去了公平性，會讓小人得志，有功者寒心，極大地損害團隊的戰鬥力以及管理者自身的威信。因此管理者處事必須遵循的重要原則就是公平公正，要賞罰分明，有功則獎，有過則罰。如果一些有功的下屬犯了錯，就對其手下留情，久而久之管理者就會失去威信，並使整個團隊失去戰鬥力。

三國時期，蜀國宰相諸葛亮命令馬謖率領精兵防守街亭要塞，和北方的強敵魏國對峙。後來，馬謖因為輕率出兵會戰，結果導致嚴重的失誤，不僅街亭失守，蜀軍差點全軍覆滅。幸好諸葛亮唱了一齣空城計才轉危為安。

依照軍法，馬謖因違抗軍令而導致失敗，應處斬刑。但馬謖是諸葛亮一生中最喜愛的部將，殺了他諸葛亮是非常不忍心的。可是，諸葛亮心裡十分清楚，馬謖所犯的過失已經嚴重到動搖蜀國根基的地步，如果處理不當，不僅民心士氣無法維持，自己也會失去威信，將來無法帶兵了。於是，諸葛亮痛下決心，揮淚把馬謖斬首示眾了。

諸葛亮揮淚斬馬謖之後，深深悔恨自己的失誤，認為把防守要塞的重任交給一個輕率的人而貽誤了國家大事，深感自己也有連帶責任。於是就請求處分，要求從宰相降為右將軍。諸葛亮對馬謖、對自己大公無私的處分，贏

得了蜀漢軍民無比的愛戴和擁護。

　　古代軍事家說:「善治軍者,賞罰有信。賞不避小,罰不避大。」賞罰嚴明,才使得部隊不畏強敵,勇敢善戰的。賞罰嚴明的效應在軍事上是這樣,在經濟發展上同樣如此。

　　作為企業的管理者,只有切實做到賞罰分明,團隊的紀律才能獲得有效的維護,團體中的每一個人也才能盡心盡力地去工作。相反,沒有做到信賞必罰,任何人都放心大膽地胡作非為,那麼整個團隊紀律及秩序都將會遭到破壞,整個團隊就會失去戰鬥力。

　　處事公正是管理者必須具備的品德之一。管理者在處理事務時,無論是獎懲,還是人事安排,都不能背離公平的準則。尤其是當自己涉入其中時,處理起來更要公正。不然,只去處理別人,而把自己置身事外,就失去公信力和說服力了。如果被手中的權力衝昏頭腦,而去做有失公正的事情,無論對於企業,還是對於管理者自己,都百害而無一利。

　　1946 年,日本戰敗後,松下公司面臨極大困境。為了渡過難關,松下幸之助要求全體員工振作精神,不遲到,不請假。

　　然而不久,松下幸之助本人卻遲到了 10 分鐘。松下幸之助遲到是有客觀原因的。本來,他上班是由公司的汽車來接的。那天,他早早起來,趕往阪急線梅田站等車。可是左等右等,車總是不來。看看時間差不多了,他只好乘上電車;剛上電車,見汽車來了,便又從電車上下來乘汽車。如此折騰,到公司的時候一看表,遲到了 10 分鐘!原來是司機班的主管督促不力,司機又睡過了頭,接松下幸之助就晚點了 10 分鐘。

　　按照規定,遲到要批評、處罰的。松下幸之助認為必須嚴屬處理此事。

首先以不忠於職守的理由，司機減薪處分。其直接主管、間接主管，也因為監督不力受到處分，為此共處理了 8 個人。

松下幸之助認為對此事負最後責任的，還是作為最高管理者的社長——他自己，於是對自己實行了最重的處罰，退還了全月的薪水。

僅僅遲到了 10 分鐘，就處理了這麼多人，連自己也不饒過，此事深刻地教育了松下公司的員工，在日本企業界也引起了很大的震盪。

賞罰的關鍵在於賞罰分明與賞罰公正，否則賞罰就會失去應有的效力，也就談不上管理者的權威。要真正做到信賞必罰，管理者必須以身作則、以身示教，必要時還要承擔責任。制度面前人人平等，無論是普通的員工，還是管理者都要一視同仁。

要達到賞罰分明，公平公正是前提和根本原則。管理者必須對事不對人，把個人感情暫且拋開，賞罰才會被落實。所以，無論這個員工跟你的關係有多好，或者是水火難容，在他犯了錯誤或做出成績時，管理者都要一視同仁，該罰則罰，該獎則獎。

總之，作為一個管理者，應胸懷一顆公正之心，處事公正，才會贏得員工的愛戴和信賴，也因而激發員工的團隊精神和工作積極性，促進企業持續健康地向前發展。

不要戴有色眼鏡看人

水，本來是無色、透明的液體。但假如你戴上紅色的眼鏡看水的時候，就會發現水變成了紅色；戴上綠色的眼鏡，水又變成了綠色；戴上黃色眼鏡，水又變成了黃色……其實，水本身是無色的，只是因為你帶著有色眼鏡去觀

察而已。現實生活中，有些管理者也常常遇到這樣的問題，他們往往喜歡帶著有色眼鏡去看人、看事，結果和事實出現了很大的反差。

一對老夫婦，女的穿著一套褪色的條紋棉布衣服，而她的丈夫則穿著劣質的便宜西裝，也沒有事先約好，就直接去拜訪哈佛的校長。

校長的祕書在片刻間就斷定這兩個鄉下草包，根本不可能與哈佛有業務來往。

先生輕聲地說：「我們要見校長。」

祕書很禮貌地說：「他整天都很忙！」

小姐回答說：「沒關係，我們可以等。」

過了幾個鐘頭，祕書一直不理他們，希望他們知難而退，自己走開。他們卻一直等在那裡。

祕書終於決定通知校長：「也許他們跟您講幾句話就會走開。」校長不耐煩地同意了。

校長很有尊嚴而且心不甘情不願地面對這對夫婦。

小姐告訴他：「我們有一個兒子曾經在哈佛讀過一年，他很喜歡哈佛，他在哈佛的生活很快樂。但是去年，他出了意外而死亡。我丈夫和我想在校園裡為他留一點紀念物。」

校長並沒有被感動，反而覺得很可笑，粗聲地說：「夫人，我們不能為每一位曾讀過哈佛而後死亡的人建立雕像的。如果我們這樣做，我們的校園看起來像墓園一樣。」

小姐說：「不是，我們不是要豎立一座雕像，我們想要捐一棟大樓給哈佛。」

校長仔細地看了一下條紋棉布衣服及粗布便宜西裝，然後吐一口氣說：「你們知不知道建一棟大樓要花多少錢？我們學校的建築物超過 750 萬美元。」

這時，這位小姐沉默不講話了。校長很高興，總算可以把他們打發了。

這位小姐轉向她丈夫說：「只要 750 萬就可以建一座大樓？那我們為什麼不建一座大學來紀念我們的兒子？」

就這樣，史丹佛夫婦離開了哈佛，到了加州，成立了史丹佛大學來紀念他們的兒子。

認識一個人，切忌以自己主觀想像作為衡量別人的標準，主觀意識太強，經常會造成識人的錯誤與偏差。

但一些管理者在人才的應用上，常憑著主觀意識去任命一個人，而不加以客觀，公正地審核。感情用事是管理者的大忌。對人對事，管理者都不要先入為主，帶上有色眼鏡看人，更不應以小人之心度君子之腹。否則，公司就會失去很多優秀人才。

一家公司招收新員工，其中有個人給經理的第一印象不太好，他外表不怎麼樣，穿戴也不整齊，但他還是憑自己傲人的口才被錄取了。由於經理從主觀感性上對這個人的印象很不好，這位員工在以後的工作中，雖然業績非常突出，但由於經理的認識仍停留在感性階段，因而不能對這個人做出相對客觀的評價，只認為這個人形象不好，而很難注意到他其他的優點。

久而久之，這位員工也能感覺到經理對他不怎麼賞識，因而對工作也不再像以前那麼積極了。這樣一來，經理對這位員工更加挑剔。到後來，這位員工想：「我有腳有手，到哪裡不能混一碗飯吃。此地不留我，自有留我處。」

然後向公司遞上辭呈。

當這位員工走後，經理才意識到他的重要性。不禁感嘆，人不可貌相，海水不可斗量。這時，經過一些事實和失敗的教訓，這位做事武斷的經理才逐漸改正了他看人以偏概全的毛病。

所謂「人不可貌相，海水不可斗量」。印度文學泰斗泰戈爾說得好：「你可以從外表的美來評論一朵花或一隻蝴蝶，但不能這樣來評論一個人。」以相貌取人、判斷人，沒有絲毫的科學根據。事實上其貌不揚的人有不少有才學的人，而相貌出眾的人也有不少平庸之輩。至今為止，任何人都沒有找到才能與相貌之間有必然連繫的事例。

孔子有許許多多弟子，其中有一個弟子名叫宰予（亦稱宰我），是春秋時期魯國人。他外貌英俊，風度翩翩，說起話來娓娓動聽，頭頭是道。最初，孔子對他印象很好，也挺喜歡他，以為他將來一定有出息。可是後來宰予逐漸暴露了惡習，他既無仁德又十分懶惰。大白天不讀書，卻常常躺在床上睡覺。為此，孔子曾說他是「朽木不可雕」。

有一次，宰予問孔子說：「父母死了以後，當兒子的要服喪三年，這個時間未免太長了吧？」孔子聽了很生氣，他說：「有德行的君子為父母服喪，吃飯不香，聽音樂也不覺得快樂，這是從天子到百姓天下通行的禮儀，你卻認為時間太長，不應該，真是個不仁不義的人，我和你實在難以講什麼道理……」此人後來官居臨淄大夫，參與田常作亂，被滅了九族。此事對孔子打擊很大，從此看人，不僅要聽其言，還要觀其行，不再偏聽偏信了。

孔子的另一名學生叫子羽，也是魯國人。因為他的相貌實在長得難看，開始的時候孔子認為，這樣的人一定很愚笨，根本不可能成才，所以就不大喜歡他，甚至不願意好好教他。子羽沒辦法，只好退學。可是，他沒有放棄

學業，雖然離開了孔子，但他刻苦自學，成了很有名氣的學者。子羽的品德也很好，舉止有禮，辦事公正，所以聲譽很高。他在江南遊學時，拜他為師的人達 300 多人，各諸侯國都傳誦他的名字。

孔子曾以言語來看宰予，以相貌來看子羽。宰予以善辭令著稱，列言語科之首，因此孔子很喜歡他，認為他今後定有出息。後來，孔子發現善於辭令的宰予是不仁不義的人，然而其貌不揚的子羽卻是一個品德良好、舉止有禮、辦事公正、聲譽很高的學者。因為言辭和相貌都是表面的東西，不是人的本質，言辭的利鈍、相貌的美醜與人的本質好壞也沒有必然連繫。孔子憑言談看人，看錯了宰予；憑長相看人，看錯了子羽。如此看來，實在不能憑外表來看一個人的優劣。

管理者識人用人要避免自己的主觀武斷，考核人才更要從不同的角度全面地去分析，所謂「橫看成嶺側成峰，遠近高低各不同」就是這個道理。事實上其貌不揚的人，有不少是有才學的人，而相貌出眾的人，也有不少是平庸之輩。任何人都無法找到人的才能與人的相貌之間有什麼必然的連繫。理性地分析之後，再做出客觀的判斷才是明智之舉。

傑瑞是美國一家化學染料公司的總裁，有一次，公司為了研發低成本化學染料，迫切需要一個懂得染色技術的專家。這時候，他意外地打聽到有個染色專家正賦閒家中，頗為驚喜。然而，經過初步了解，卻發現這個人吸過毒，因為缺乏毒資還攔路搶劫，被關進了監獄，出來之後，便自暴自棄，整天借酒澆愁。

這個人能不能用呢？傑瑞陷入了矛盾之中。於是，他又繼續去了解這個名叫漢姆的染色專家，發現他出獄後有段時間表現很好，但公司的老闆總是對他不放心，幾乎每天都要偷偷打開漢姆的更衣櫃搜索他的外衣口袋，生怕

他再染毒癮。漢姆發現後，自尊心受到極大侮辱，憤然辭職，這樣才染上酒癮的。

傑瑞知道全部經過後，決定聘用漢姆擔任公司技術部主管。

經過幾次登門拜訪，漢姆深受感動，從此痛改前非，埋頭於實驗室，終於研製出不脫色而且成本低廉的化學染料。

我們可以設想一下，如果一開始傑瑞先生就戴著有色眼鏡看人，因為漢姆犯過罪就不僱用漢姆，那麼他開發不脫色化學染料的計畫能否順利成功就很值得懷疑了。

古人云：「士別三日當刮目相看。」不能把別人看得永遠都是一無是處，人是發展變化的，我們不能停留在過去，用舊眼光看人。因此，管理者要相信人，尊重人，學欣賞和讚美，從而讓其發揮更大的潛力。

作為管理者，對待任何人或事，都應該作客觀分析，不能主觀武斷。也就是說對待人或事，應從理性出發，不能僅靠感性。否則，對於人或事就不能做出正確的判斷或估計。

出於公心，保持公平

世間最可怕的事，就是不公平。成事在於以公平服人，不公平就難以服人。

隨著社會的進步和經濟的發展，人們對公正的要求也越來越高，享受公正的待遇成為人們追求並維護的權利。在一個公司和團隊裡同樣如此。這就要求管理者胸懷一顆公正之心，處事公正，這樣才會贏得員工的愛戴和信賴，也因而激發員工的團隊精神，促進企業持續健康地向前發展。

第六章　不偏不倚，公正處事—用好公平公正這把尺

　　摩托羅拉公司就十分明白公正對於員工的意義，他們在人事上的最大特點就是能讓他的員工放手去做，在員工中創造公正的競爭氛圍。公司創始人保羅‧高爾文對待員工非常嚴格，但非常公正，正是他的這種作風，塑造了後來摩托羅拉在人事上和對待競爭對手時獨特公正的風格。

　　創業初期，員工們都沒有正式的職位，不過是一些愛好無線電的人聚集在一起。這時，有個叫利爾的工程師加入了摩托羅拉。他在大學學過無線電工程，這使得那些老員工產生了危機感，他們不時為難利爾，故意出各種難題刁難他，更出格的是，當高爾文外出辦事時，一個高層故意找了個藉口，把利爾開除了。

　　高爾文回來後得知了此事，把那個高層狠狠地罵了一頓，然後又馬上找到利爾，重新高薪聘請他。後來，利爾為公司做出了巨大的貢獻，向高爾文充分展示了自己的價值。在公司後來發展的過程中，摩托羅拉公司工作的人很多是一些有個性的人，當他們發生爭執時，都吵得非常厲害。但高爾文作為老闆，以他恰當的人際關係處理方法，使他們在面對各種艱難工作時，能夠團結一致，順利進行。

　　對員工一視同仁，公平合理，是管理者處理與員工關係的重要原則，也是贏得員工信任的重中之重。你的員工發現你能公平公正地對待他，他定會心情舒暢，做起活來，也必是鬥志昂揚。反之，如果發現你「偏心」，可想而知，被偏向的一方，獲得好處，似無怨言；但另一方則是怨聲載道；旁觀的第一者，也會站在這方，那麼你會眾叛親離。而你偏袒的一方，也會因此與別人「格格不入」。這樣，作為一個團隊就分裂了。

　　凡事「不患寡而患不均」，這是管理者與員工產生隔閡機會最多的環節。這就要求管理者在處理與下屬關係時做到：一視同仁，不搞「圈子」、裙帶關

係，避免資歷、關係、感情產生的負效應：賞罰公平，當賞則賞，當罰則罰，避免有功不賞，有過不罰，使員工處於公平的工作競爭環境中。

年輕漂亮的關小慧大學畢業後進入一家著名的 IT 集團做櫃檯，由於完善規範的企業管理、良好的企業文化，加上關小慧的積極主動，讓她很快受到公司職員的認可和尊重，她也把櫃檯這份許多人認為簡單的工作做得非常專業，並且成為公司商務禮儀方面的兼職講師，經常在公司的幾十家分支機構講課。她的課程深得集團公司幾百名文書、祕書的歡迎，也得到眾多市場人員的肯定。

不斷取得的成績和認可使關小慧意識到自己不能光做好櫃檯，她很快重新定位自己，憑藉她良好的人際能力和多次參與大型市場活動的經歷，她想轉行做市場專員，進而成為市場推廣經理、客戶經理等。但她也明白自己沒有這方面的專職經驗，也捨不得離開這家好公司，跳槽是她不願意的，那怎麼辦呢？就在關小慧為難的時候，她在公司內部網站上看見總公司市場營業部在招募活動策劃專員的消息。公司規定，凡在公司工作滿一年以上的員工都可以在上級同意的前提下應徵這個職位。如果在公司工作超過 3 年，可以不經過上級同意就去應徵自己滿意的職位，一旦獲聘，上級不得以任何理由阻攔。這時，關小慧眼睛一亮。結果不言而喻，關小慧順利地成為一名活動策劃專員，公司的內部技能培訓課程又使悟性極高的她很快掌握了工作職位的一般技能。目前，關小慧已經開始擔任策劃一些全國乃至世界的市場巡展活動了。

管理者在用人實踐中，應根據組織發展和職位要求，公正的對待每一位符合條件的組織成員，不劃圈圈，不定框框，一視同仁，讓符合條件者憑自己的工作才能和實績在競爭中獲得提拔任用。由此使得各類人才能有平等競

爭的機會，同時，使組織內能形成以工作實績為職務升降主要依據的公正風氣，引導組織成員努力實現組織目標。

企業管理者是資源配置者，而公正是最基本的遊戲規則，不公正的管理者必定喪失威信。公正的管理者心裡面有一把尺，成功的管理者是公平處事者。出於公心，一視同仁，才能贏得別人的認同。《呂氏春秋》中說：「天下非一人之天下也，天下之天下也。陰陽之和，不長一類；甘露時雨，不私一物；萬民之主，不阿一人。」治天下必先公正、公平、公開，公則使老百姓高興。公則天下太平，太平來自公。成事在公平，失事在偏私。管理者在工作中是否公平，直接影響員工的工作態度。平等地對待每一個員工，公正地處理每一件事情，是管理者必須遵循的原則。

對員工一視同仁

卓越的管理者是公平處事者。出於公心，一視同仁，才能贏得別人的認同。事實證明，公平，是管理者待人的基本要求，是促進團結，和諧共事，的有效途徑。這既是個人特質的問題，也是領導藝術的問題。

有位企業家曾說：「管理就是一碗水要端平。」簡單的一句話，卻內含智慧：要對所有的員工一視同仁。這就要求管理者在管理公司的時候要懷有一顆平等之心。只有這樣，員工才會尊重和信任你，才會更積極地投入到工作中，為公司的持續發展盡心盡力。

然而現實中不難發現，總有一些企業管理者，對待員工不能一碗水端平。他們熱衷於拉攏，排擠；親近，疏遠；重用，冷落；偏袒，壓制……同事之間的平等關係變成了人身依附關係，領導與被領導者之間的工作關係變

成了江湖上的哥兒們關係。

某公司接到了客戶贈送的兩張旅遊券，可是公司卻有三個人，怎麼辦？公司經理自己拿了一張，給了平時和自己關係比較好的員工一張，很顯然，另外一人備感打擊，對經理產生了憎恨的心理。在留守上班的日子裡，他就故意把幾筆生意給推了。我們且不說這位員工的做法對不對，那位經理卻犯了錯誤，他應該去補一張券，或者自己不去旅遊，或者對留下的員工進行解釋，讓他下次優先享受「好處」。

管理者要想贏得員工的信任，就要公正公平，一視同仁。但故事中的那位經理本可以用很多好的辦法處理那件事，但他沒有去做，以為自己是經理，有權分配利益，結果帶來了不必要的損失。

其實在每個人心中都有一架天平，衡量自己的付出和所得。員工不僅關心自己的付出和所得，更關心他和同事之間的比較。如果哪一天發現管理者不能做到一視同仁，他們會感到自尊心受到極大傷害，直接影響他們的工作熱情，所以，管理者對待下屬要一視同仁，不偏不倚，公平合理地待人處事。這是管理者協調與下屬關係的基本原則之一，是管理者職業道德的核心。只有客觀公正，才能得到下屬的信賴和擁護。如果管理者對下屬做不到公平，對某人某事有明顯的傾向，下屬之間就會因此形成隔閡和矛盾，造成人際關係緊張。受到特殊優待的下屬，因為自恃有上級的寵愛而不思進取，而受到不公正待遇的下屬，更是感到沒有方向與立足之地，因而心灰意冷，沉淪消極。

嚴芳在一家銷售公司工作，由於工作能力很強，銷售業績傲人，很受上級欣賞。

有人抱怨：「上面是帶著有色眼鏡看嚴芳的，但凡什麼好事都算她一份，

別人犯錯誤，那就是家法處置，大刑伺候，而她犯了錯誤，上面就和沒看見一樣。」

「這工作做得真沒意思，領導眼裡只有嚴芳，這就是赤裸裸的偏心。嚴芳這麼有能力，幹嘛還要讓我們來啊？難道我們來這工作就是為了襯托她很行的嗎？這工作不做也罷！」有人選擇了辭職。

「團隊不是一個人就能做好的，沒有大家的努力，哪有她嚴芳的風頭啊？」有人議論。

領導者的本意是鼓勵大家向嚴芳學習，以提升部門的整體業績。但結果卻是怨言四起。其他的銷售員不是走的，就是抱怨消極，沒有工作熱情。而此時「能幹」的嚴芳仗著經理的偏愛，經常遲到早退，還時常炫耀經理與他的特殊關係。

因為領導者的「偏心」，銷售部一片狼藉。員工散漫，銷售業績也一落千丈。這時管理者才明白自己犯了不公平的大忌：自己做的看似「合情」，其實並不「合理」，所以才犯了眾怒。不能對員工一視同仁，最終必然會導致人心渙散，分崩離析。

由此可見，不能公平，勢必打擊員工的熱情，產生內耗，不利於組織的團結。所以，作為管理者，對下屬一定要以誠相待，絕不能感情用事，對下屬有親有疏、厚此薄彼，對人對事一定要出於公心，做到公平、公正，避免「領導偏心，部下傷心」。

因此，作為企業管理者，只有充分了解下屬的期望，一視同仁，公平公正，才能真正贏得員工的信賴，使員工與企業同舟共濟，為企業的發展做出最大的貢獻。

公正公平是管理之道

　　管理是一個長期的、嚴格的甚至令人覺得單調的過程。在這個過程中，要求任何管理者都做到完美無缺是不現實的。管理者也是人，也會有各種不足。但有一條是判斷一個管理者是否稱職的基本標準，那就是看其能否做到公平處事、公私分明，能否公正地處理員工之間和工作中的各種問題。

　　一家全球大型集團企業要內部開一個高級管理的缺，候選者為一位技術骨幹和一位基層管理者，這二人都是經過多輪考核，淘汰了眾多候選競爭者殺出來的。

　　現在到了最後一關，總裁親自出馬。

　　二人來到總裁辦公室，發現總裁辦公桌上有一個漂亮的大蛋糕。

　　總裁和藹的對他們說：「你們辛苦了，能從這麼多優秀的候選者中脫穎而出，我為你們感到驕傲。這一個蛋糕是我專門來犒勞你們的，你們二人平分。不過，你們的命運，現在又掌握在自己的手裡了……」

　　總裁笑咪咪舉起手裡的蛋糕切刀：「由你們自己來分蛋糕，如果你的分配方案能讓對方滿意，覺得非常公平，那你就可以勝任這個高級管理職位了」。

　　技術骨幹馬上挺身而出，他讓技術部門送來了所有的測量工具，當著基層管理者的面，用各種工具進行了測量，算出了平均數值。然後詢問基層管理者：「按這個數值切蛋糕，你覺得公平嗎？」

　　基層管理者搖搖頭：「當然不滿意，你的每一次測量，一定存在誤差，這麼多測量加在一起，肯定誤差更大，所以這個數值肯定不會公平」。

　　技術骨幹聽了頓是火冒三丈：「世界上的公平本就是相對的，沒有絕對的公平，太空梭也有失事的時候，誰能保證百分百公平正確，你這是吹毛求

疵，故意刁難，那你來分蛋糕吧？」

基層管理者微微一笑：「這很簡單啊，我來切，切好後，你先挑……這樣分配，你覺得公平嗎？」

技術骨幹聽了，頓時呆住了，陷入了沉思……

總裁點點頭，翹起來了大拇指：「公平不公平，要用『心』不用『尺』，這就是管理的真諦」。

公平在於心。管理者只要具備了「公正、公平之心」，就一定能夠贏取民心。

公平就是要公正地對待每個人，公平地處理每件事。唯有公道，才有威信。「民不患寡，而患不公」，管理者公平與否直接關係到穩定與發展。管理者公平，人心就順，就能激發熱情，就有向心力。管理者不公就會敗壞風氣，人心渙散。

公平，說到底就是對人要「平」，辦事要「公」。對人要「平」，就是要平等用人。發揮每個人的長處，在用人上，能者上、平者讓、庸者下、弱者幫。辦事要「公」，必須見利就讓。管理者要淡泊名利，抑制私欲。如果名利思想嚴重，一事當前，先替自己打算，必然會私欲膨脹，辦事就會不公，就會在群眾面前掉價，讓大家瞧不起。辦事要「公」，就必須見矛盾就上。管理者要敢面對矛盾，主動解決問題。能夠主動解決問題的管理者是一個有魄力、有活力、有能力、有境界的管理者，在群眾中才會有威信，事業才會獲得成功。

公平之心，人人都不可缺少，這不僅是管理者處事的必需要素，做人的基本道德，也是對管理者是為公還是為私，是高尚還是低下的嚴肅考驗，同

時是做好工作的起碼條件。你辦事公平，說明你大公無私，大家就敬重佩服你、信任你。如果辦事不公平，怨聲載道，你那個單位就會出現歪風邪氣。比方說，兩個人發生了糾紛，讓你去處理，是實事求是公半處理，還是偏袒一方，壓制另一方，考核評級時，是按照條件公平合理，還是不顧規定條件，只憑個人好惡親疏，任意寬嚴；分配工作，是量才為用，選賢任能，還是任用親信，排斥異己；批評表揚，是合情合理，一視同仁，還是不顧事實，厚此薄彼，「區別對待」等等。對這類問題，你公平處理了，大家看得很清楚，自然信服；你不公不平，假公濟私，自以為很聰明，大家卻看得明白。結果是，人們不僅對你不信服，甚至當眾戳穿謎底，讓你下不了臺；而奸邪小人，則可能利用你的不公平，投你所好，乘你之隙，從你的不公平中撈到好處。這樣，矛盾就多了，問題也會越來越多，工作就難進行了，所以，公平是管理者待人處世的重要問題，切不可等閒視之。

韓雪辭職了，在做了六年的電子工作之後，離開了自己喜愛的工作。

「我沒想到 21 世紀的今天，居然還存在男女有別的封建、保守思想。我們老闆很少關心女員工的職業發展需求，也極少給我們機會，升遷加薪更是無從談起。而對男員工則截然不同，領導會將有挑戰性的好機會留給他們，以便讓其快速成長，成為公司的中流砥柱。那麼我們工作那麼久算什麼？難道就是貪圖安逸嗎？」韓雪氣憤地說。

原來韓雪所在的公司老闆，對待員工採取男女有別的管理政策。韓雪也算是老員工了，她工作兢兢業業，也取了不錯的成績。可是每次升遷的時候，上司都會把機會給男同事，還告訴她說：「妳做得不錯，我們一直看在眼裡，下次一定會考慮妳，現在先讓他們上去試試，妳才可以幫幫他們。」

韓雪熱愛自己的工作，她總覺得只要自己努力，有一天，她會得到她應

該得到的。可是她越等越看不到希望，而且看到了老闆的「真面目」。

　　從韓雪走後，很多姐妹也都陸續離開那個公司。「這是注定的。」韓雪說。

　　在對待下屬上，管理者要做一把「公平秤」。對待下屬只有以公平、公正為前提，才能不降低人格魅力，才能夠籠絡下屬，建立自己的威信。

　　公正公平是管理之道，是管理者的首要道德規範。一個優秀的管理者必須公正地對待組織中的每一個員工，讓他們建立一個信念：「在組織裡，一切可信賴，一切都是公平的。」那麼，你就是一個成功的管理者。

用人，絕對不能有私心

　　《呂氏春秋‧去私》有這樣的記載：

　　晉平公當朝時，南陽缺縣令。晉平公問中軍尉祁黃羊：「你看誰能當這個縣官？」祁黃羊說：「解狐這個人不錯，他當合適。」晉平公很吃驚，他問祁黃羊：「解狐不是你的仇人嗎？為什麼還要推薦他？」祁黃羊笑答道：「您問的是誰能當縣官，不是問誰是我的仇人啊。」晉平公認為祁黃羊說得很對，就派解狐去南陽作縣官。解狐為官一任，造福一方，受到南陽百姓普遍好評。過了一段時間，晉平公又問祁黃羊：「現在朝廷裡缺一個法官，你看誰能勝任？」祁黃羊說：「祁午能擔當。」晉平公又覺得奇怪：「祁午不是你的兒子嗎？」祁黃羊說：「祁午確實是我的兒子，可您問的是誰能去當法官，而不是問他是不是我的兒子。」晉平公很滿意祁黃羊的回答，於是又派祁午當了法官，後來祁午果然成了一名好法官。

　　祁黃羊在對待用人的問題上能夠做到以「公」去「私」，難能可貴，值得

當今企業管理者學習。

心公則平，其心如稱，不偏輕重，則能公平衡德量才，實事求是地評估，為用人提供正確的根據。如此則有利於其人，有利於事業。如心私則偏，就會顛倒賢佞，以賢為佞，以佞為賢，不可能正確評估人，將為用人提供錯誤的根據，結黨營私者往往如此而已，有害於事業。因此，管理者要想做到知人善任，就必須擺脫個人好惡，大膽起用與自己不同的人，這樣的人也許正是公司所需要的。時裝大王迪奧（Christian Dior）就是這樣的人。

時裝業的佼佼者迪奧創辦和經營其個人品牌服裝公司已經幾十年了，其公司名聞全球。在他選擇接任自己的首席設計師時，年輕人加里亞諾進入了他的視線，這個人有滿腦子的奇異想法，追求新潮，個性十足。如果採用了他，正好可以給迪奧這個老品牌注入新鮮的活力，可以再在時裝界掀起一股老罈新酒的風潮！可是加里亞諾是個典型的脾氣乖張，不願受束縛的人，恃才傲氣，脾氣暴躁，按理不應該是迪奧喜歡的人，但是迪奧並沒有放棄，因為他知道自己該用什麼樣的人，他知道加里亞諾很可能為公司帶來新生，因此不計較個人好惡，大膽重用，表現了領導者的大度胸懷和睿智。

作為管理者要做到公平公正無私心。只有無私心才能一切以事業為重，不以個人好惡為標準，不徇私情，真正做到唯才是舉、量才而用，選好人才，用好人才。

對一個管理者來說，用人要有長遠的目光，特別是對那些和自己有過衝突的人要公平對待，真正做到任人唯賢。正所謂：心底無私天地寬。不要計較一個人過去的缺點和過錯，多一點包容和體諒，則多一份支持和力量。

IBM 第二任總裁湯瑪斯·約翰·沃森（Thomas J. Watson）的兒子小沃森就真正做到了這一點。

　　在小沃森做 IBM 總裁初期，與當時的第二把手柯克是死對頭，當時在柯克手下有一批很有才能的人，這些人在他和小沃森的鬥爭中發揮很大的作用，非常令小沃森頭疼，其中伯肯史塔克即是其中一員。後來柯克去世，他在公司的勢力隨之瓦解，伯肯史塔克心想：柯克一死，小沃森肯定不會放過他，與其被人趕走，不如主動辭職，鬧個痛快。他直接走進小沃森的辦公室，毫無顧忌地嚷道：「我沒有什麼希望了，銷售總經理的差事丟了，現在做著沒人做的閒差」。他知道小沃森與他的父親一樣，脾氣暴躁，也很要面子，假若哪位員工敢當面向他們發火，其結果不言而喻。但奇怪的是小沃森非但沒有生氣還極力挽留。伯肯史塔克非常感動，不但留下來還比以前更用心的為公司辦事。

　　事實證明，留下伯肯史塔克是正確的。伯肯史塔克是個不可多得的人才，甚至比剛去世的柯克還精明能幹。在促使 IBM 從事電腦生產方面，伯肯史塔克的貢獻最大。當小沃森極力勸說老沃森及 IBM 其他高級負責人趕快投入電腦行業時，公司總部裡支持者相當少，而伯肯史塔克全力支持他。伯肯史塔克對小沃森說：「打孔機注定要被淘汰，假設我們不覺醒，盡快研製電子電腦，IBM 就要滅亡。」小沃森相信他說的話是對的。就這樣小沃森聯合了伯肯史塔克力量，為 IBM 立下汗馬功勞。以至於後來小沃森在他的回憶中寫下了這樣一句話：「在柯克死後挽留伯肯史塔克，是我有史以來所採取的最出色的行動之一。」除了伯肯史塔克，小沃森後來還提拔了一批他並不喜歡，但卻有真才實學的人，而這些人在以後的工作中都有不俗的表現，事實證明小沃森的做法非常有結果，IBM 公司在他領導下的巨大發展即充分證明了這一點。

　　選人用人時，最重要的一點是絕不可以有私心，必須完全以這個人是否

適合那份工作為依據。「唯才是舉」是管理者必須具有的胸懷和品德，哪怕你曾經討厭過他，也不能因為個人的恩怨而影響公司的發展。

因此，管理者應該拋棄生活工作中的私心雜念和個人恩怨，營造一個容人的環境、團結一致，共謀發展，共商大局。

拋棄個人成見，用人唯才

管理者作為企業的領導，應該在企業內部傾力打造一個良好而又公平的用人平台，為真正的人才提供施展才能的舞臺。在這個舞臺上，管理者應該給予每個下屬公平的機會，下屬能否被委以重任的因素取決於其才能能否勝任，而非個人成見。

然而，在識人用人之時，有的管理者往往感情用事，看到某人的脾氣和志趣與己相投，便不再注意這個人的其他方面，就把他當成人才。這樣，往往會導致只有與領導情投意合者才被重用，凡與我為善者即為善人；與我惡者，即為惡人。如果管理者都這樣識人，勢必會出現自己的「人才小圈子」，而埋沒了很多為管理者所「不了解」的人才。

《漢武故事》裡記載一件事：

漢武帝到郎署見一老翁，白髮蒼蒼，步履蹣跚，衣衫不整。武帝奇怪，一般郎官都是二十幾歲的年輕人，而這位須鬢皆白為什麼還當郎官呢？於是就問他：「公何時為郎，何其老也？」答曰：「臣姓顏名駟，江都人也，以文帝時為郎。」上問曰：「何其老而不遇也？」駟曰：「文帝好文而臣好武；景帝好老而臣尚少；陛下好少而臣已老。是以三世不遇，故老於郎署。」聽顏駟這麼一說，武帝深為震驚，這麼一位三朝為官的老者，就是因為碰不上皇

帝所好，總也得不到提拔重用，做了大半輩子還是個郎官，這不是顏駟的過錯，而是用人上的疏誤，武帝考察了顏駟的才識，即任命他為會稽都尉，也就是會稽郡的軍事首領。

　　管理者選賢用能，必須把個人的感情置之度外，拋開自己的好惡，以整體利益為重，以事實為根據，以實踐為標準加以檢驗，如此才能選到真正的人才。

　　唐高宗時，大臣盧承慶負責對官員進行政績考核。被考核人中有一名糧草督運官，一次在運糧途中突遇暴風，糧食幾乎全被吹光了。盧承慶便給這個運糧官以「監運損糧考中下」的鑑定。誰知這位運糧官神態自然，一副無所謂的樣子，腳步輕盈地出了官府。盧承慶見此認為這位運糧官有雅量，馬上將他召回，隨後將評語改為「非力所能及考中中」。可是，這位運糧官仍然不喜不愧，也不感恩致謝。原來這位運糧官早先是在糧庫混事兒的，對政績毫不在意，做事本來就鬆懈渙散，恰好糧草督辦缺一名主管，暫時將他做了替補。沒想到盧承慶本人恰是感情用事之人，辦事、為官沒有原則，二人可謂「志趣、性格相投」。於是，盧承慶大筆一揮，又將評語改為「寵辱不驚考上」。盧公憑自己的觀感和情緒，便將一名官員的鑑定評語從六等升為一等，實可謂隨心所欲。

　　在當今社會中，有些企業管理者也犯了以感情上的偏好來識別人才、選拔人才的弊病：與自己感情好的人，「說你行，你就行，不行也行」，與自己感情、關係一般的，「說你不行，你就不行，行也不行」。這樣做的結果，只能是讓那些有才幹的人傷透了心，以致離企業而去。企業的凝聚力是靠人心換來的，人心散了，企業豈能有所發展？事實上，以自己的偏好為標準來識別人才時，這種管理者大多心態不正，最根本的在於其為人做事沒有原則，

以感情用事，隨心所欲。這樣的管理者自覺不自覺地以志趣、愛好、脾氣相投作為唯一的識才標準，實際上，是一種把個人感情置於企業利益甚至社會利益之上的錯誤做法。

諸葛亮雖然是智慧的化身，但在用人方面也犯過錯誤。對於魏延，諸葛亮一直是抱有成見的。早在魏延投降劉備之初，諸葛亮與其初次相見時，就憑主觀臆想給其扣上了一頂「腦後有反骨」的帽子，並恐嚇「若生異心，我好歹取汝首級。」後來，蜀將陳式違軍令被斬首時，諸葛亮又說：「魏延素有反相，吾知彼常有不平之意。」最後，諸葛亮病死在五丈原時，臨終留下了所謂的錦囊妙計，將魏延殺死。其實，縱觀魏延在蜀國的表現，不但沒有造反之舉動，反而屢屢衝鋒陷陣，戰功卓絕。魏延之過只不過是冒犯了諸葛亮的自負而已，即使以後真有反意也是諸葛亮的不信任所致。魏延的被殺使人才本來就匱乏的蜀國損失了一員上將，使蜀國國防少了一根頂梁柱，實在可惜！

管理者者識人，如果只看某一方面，往往會失之偏頗。諸葛亮認為魏延腦後有「反骨」，看到的只是魏延的「反」，卻忽視了他的才，因此不能正確使用。

雖然每個人都有自己獨特的觀念和想法，但是不能萬事萬物都按自己的心態來判斷一切，觀感一切，即不能抱有成見或者成心。因為抱著成見的人是無法對事物做出準確而客觀的評判的。管理者要能拋棄個人成見，客觀地對他人做出評價，即使情感上不喜歡，也絕不以私害公、以私誤公，而應看中對方的能力加以重用。

第六章　不偏不倚，公正處事——用好公平公正這把尺

第七章　掌握分寸，適度處事 ——
恰到好處的做人做事

度是一種自然規律，凡事皆有度。工作中，遵循管理標準，適度處事，是管理者做事不出差錯的方針。適度的管理能帶來效益與效果，凡事超過了極限，把握不住處事的度，就會有使自己後悔的事發生，或者有使組織利益受損的事情發生。做人處事要掌握分寸，確實不容易，沒有哪一樣事情事先有尺規測定，這就需要管理者自己來把握，自己去摸索，在實踐中多多磨練。

工作要到位，不要越位

到位，不要越位。這是足球比賽的規則。踢球時，你記應當到位的時候必須要到位，不該越位的時候你不可以越位。工作又何嘗不是呢？在工作中，經常看到這樣的人，工作主動性確實很高，也很積極，但就是分不清主次，不知自己主要工作是什麼，不該管的總在亂管，換句話說該到位時不到位，不該越位時總越位。不但自己工作沒做好，而且擾亂了秩序。

有一年，美國印第安那州的一家醫院來了一男一女兩個工作態度截然不同的實習醫生，男醫生每天上班不會遲到，也不會早到，與自己工作無關的事情置之不理，如有病人來求助，和自己無關的事他就會笑眯眯地說：「請你去找護士，這不是醫生的職責」。而另一位女實習醫生則非常熱心，除了份內工作外，她還幫助小患者量體重，餵他們吃飯，幫患者制定食譜，推送病人去拍 X 光片等等。每天都會忙到很晚才下班。

醫學院每年期末都要評選 5 名最佳實習醫生，很多病人以為，那位勤勞肯做事的女醫生一定會上榜，可公布榜單後，卻沒有這位女實習醫生，那位男醫生卻赫然上榜。有一個病人替那個女醫生抱不平，跑去問院長，這樣親和熱心，負責任的醫生怎麼沒有入選，院長說：「她落選的原因就是她負責過頭了，因為，醫生的職責就是為病人看病，一個人的精力是有限的，如果什麼事情都做，必然會手忙腳亂，疲憊不堪。其他事情不一定能做好，份內工作也注定會做不好，即使其他事情都能做好，但是醫生的職責是為病人看病，餵患者吃飯有護理師去做，幫助病人量體溫，是護士的工作，推送病人去檢查，是運送員的職責，醫生的職責則就是為病人正確診斷與治療，每個人做好自己的份內工作，才是優秀的前提。她非常有愛心，那是另一回事

兒，但是此次評選的是最優秀實習醫生，她是不合格的」。

工作中，每個人都有自己明確的工作範圍和職責範圍，你首先必須保證工作到位，做好自己的份內工作。孔子講「不在其位，不謀其政」，關鍵在於確定好自己的定位，看清自己的能力與許可權，收穫屬於自己的成就。對於超出自己工作範圍的工作，即使能力足夠，也不要插手，如此才能不越位、不越權，才能走出一條平穩的發展之路。

子路是孔子最喜歡的弟子，他曾在蒲這個地方做官。有一年夏天，雨水很多，子路擔心洪水暴發不能及時下瀉，造成水患，就帶領當地的民眾疏浚河道，修理溝渠。他是一個非常豪爽和正直的人，看到民眾夏天還要從事繁重的體力勞動，非常辛苦，就拿出自己的俸祿，給大家弄點吃的。

孔子聽說了，趕緊派子貢去制止他。

子路很生氣，怒氣衝衝地去見孔子，說：「我因為天降大雨，恐怕會有水災，所以才搞這些水利工程；又看到他們非常勞苦，有的飢餓不堪，才給他們弄點粥喝。您讓子貢制止我，那不是制止我做仁德的事情嗎？您平時總是教我們仁義道德，現在卻不讓我實行，我再不聽你的了！」

孔子說：「你要真是可憐老百姓，怕他們挨餓，為什麼不稟告國君，用官府的糧食賑濟他們呢？現在你把自己的糧食分給大家，不等於告訴大家國君對百姓沒有恩惠，而你自己卻是個大大的好人嗎？你要是趕緊停止還來得及，要不然，一定會被國君治罪的！」

子路救濟民眾，本是出於善意，但卻越出了自己的職權範圍，做了本該由皇帝去做的事，侵犯了別人的領地。所以，孔子要制止他越位的行為。

在工作中，每個人都扮演著屬於自己的角色，每一個人也都有屬於自己

的位子。作為管理者，要學會釐清自己的角色位置，扮演好自己的角色，嚴格地按角色做事，為其所當為，止其所當止，在自己的職位角度上去有節制的出力和做人，切忌輕易「越位」。這樣才能與整體步調一致，否則就會造成混亂，出現不和諧的狀況。

有個雜誌社為一個作家做一期專訪，雜誌出來以後，這個作家收到了一本，他想多要幾本送給朋友，便打電話給雜誌社主編。主編不在，雜誌社裡一個小姐接了電話。「麻煩你轉告一下主編，我希望多要幾本這期雜誌。」

「這個啊，沒問題！您直接派人過來拿就好。」小姐爽快地說。

作家正打算驅車去拿雜誌時，就接到主編的電話：「對不起！剛才我不在，雜誌收到了吧？我剛才派人多送了幾本給您。」停了一下，主編又說：「可是，對不起，我想知道是哪位小姐說您可以立刻過來拿。」作家很奇怪，問道：「有問題嗎？」「當然沒問題，您要十本都可以，我只是想知道，是誰自作主張。」

事情的結果可想而知，那位自作主張的小姐免不了受到上司的一番責備，她在主編心目中的印象也肯定會大打折扣。

既然是別人點名找你的上司，作為下屬就該轉告，而不是替他做主。雖然只是一句話而已，但本來可以由上司賣出的人情，卻被你無意揮霍了。想想看，上司能不為此反感嗎？

超越了自己的身分，胡亂表態，不僅是不負責任的表現，而且也是無效的。對帶有實質性質問題的表態，應該是由上司授權才行，有些管理人員卻沒有做到這一點。上司沒有表態也沒有授權，他卻搶先表明態度，造成喧賓壓主之勢，這會陷上司於被動，這時，上司當然會很不高興。

「糟糕！」經理放下電話，就叫了起來，「那家便宜的商品，根本不合規格，還是原來李經理的好。」狠狠拍了一下桌子，「可是，我怎麼那麼糊塗，寫信把他臭罵一頓，那封信寫得很不客氣，這下麻煩了！」

「是啊！」祕書王琳轉身站起來：「我那時候也說要您先冷靜冷靜再寫信，您不聽啊！」

「都怪我在氣頭上，應該想到那家一定在騙我，要不然怎麼會那樣便宜。」經理來回踱著步子，指了指電話：「把電話告訴我，我親自打過去道歉！」王琳一笑，走到經理桌前：「不用了！告訴您，那封信我根本沒寄。」

「沒寄？」

「對！」王琳笑吟吟地說。

「嗯……」經理坐了下來，如釋重負，停了半晌，又突然抬頭：「可是我當時不是叫妳立刻發出嗎？」

「是啊！但我猜到您會後悔，所以壓下了。」王琳轉過身、歪著頭笑笑。

「壓了三個禮拜？」

「對！您沒想到吧？」王琳很得意地說。

「我是沒想到。」經理低下頭去，翻記事本：「可是，我記得那天是叫妳發，怎麼能壓著不發呢？那麼最近發其他幾個客戶的信，妳也壓了？」

「我沒壓。」王琳臉色發亮，得意地說：「我知道什麼該發，什麼不該發……」

「妳做主，還是我做主？」沒想到經理居然霍地站起來，沉聲問。王琳呆住了，眼眶一下溼了，兩行淚水滾落，顫抖著、哭著喊：「我，我做錯了嗎？」

「妳說呢？」經理斬釘截鐵地說。事後，王琳被記過處分。

上司反感下屬的自作主張，其實不在於他的擅自決定給工作帶來的損失——通常說來，這種損失是微小的。上司真正在意的是下屬越權行事的行為，以及這種做事風格所反應的下屬心中對上司的重視程度。儘管這種行為不一定說明下屬不注意上司的存在，不把上司放在眼裡，但在上司的理解上，往往會把這種行為與下屬對自己的個人態度連繫起來，最後認定這種做法不僅是對自己的無視也是下屬工作經驗與能力欠缺，辦事不穩重的表現。這樣一來，你無意中的一次私自定奪行為，可能給你帶來的就是上司以後的冷遇與不信任。這種誤會與不信任，可不是一朝一夕能夠改變的，對你前途的損傷，也是難以彌補的。

在一個團體之中，每一個管理人員都應該釐清自己的位置，知道哪些事該做，哪些事不該做，把握好適度的原則，而不要越位。這樣，才能夠與上司和諧相處，並得到他的信任和賞識，在個人事業的發展上，也會少一些不必要的阻礙。

與員工保持適當的距離

在現實生活中，如何把握領導和下屬之間的距離確實是一個值得思考和實踐的大問題。作為管理者，如果你離下屬過於遙遠，就會受到疏遠下屬的指責；但是，如果管理者與下屬的關係過於親密，會大大降低工作效率。因為離得太近，又會失去做領導的威嚴感。那麼，管理者與下屬之間的要保持怎樣的距離，才算合理？

我們先來看看下面這個小故事：

　　兩隻睏倦的刺蝟，由於寒冷而擁在一起。可因為各自身上都長著刺，刺得對方怎麼也睡不舒服。於是它們離開了一段距離，但又冷得受不了。只好又湊到一起。幾經折騰，兩隻刺蝟終於找到一個合適的距離：既能互相獲得對方的溫度又不至於被刺。

　　「刺蝟」法則就是人際交往中的「心理距離效應」。管理者如要做好工作，應該與下屬保持親密關係，但這是「親密有間」的關係，是一種不遠不近的恰當合作關係。心理學專家的研究認為：不管怎麼說，企業管理者和下屬還是有區別的。管理者和下屬之間無論多麼親密，他們的位置始終是不變的：管理者在上，下屬在下，上下顛倒只會招致失敗。

　　個頭不高但肚子大、臉胖胖，總是對人笑嘻嘻的王大鵬是經營休閒食品的生意人，他為人和善，充滿了親和力。他並不太認同「老闆就是老闆，員工就是員工」的涇渭分明的上下屬關係。

　　中午，他在公司吃飯時，都會叫辦公室的幾個人一起去餐廳。按規定，公司每個月都給員工發放午餐補助，但是王大鵬從來都是代大家付餐費，權當是自己請客。這樣一段時間下來，幾個員工只要發現王大鵬中午在辦公室，也沒有客戶在，就遲遲不下樓，因為他們知道老闆會叫大家一起吃的——今天的午飯錢又省了。

　　比如，王大鵬經常會像朋友一樣，與自己的下屬們談笑風生互開玩笑。剛開始，員工們對王大鵬還懷有對老闆的敬畏之心，但時間一長，都開始「王大鵬、王大鵬」地稱呼他了，不管是部門經理還是普通的職員，與王大鵬在一起的時候舉止都比較隨便。

　　有段時間，王大鵬曾經考慮過要重新開始，讓員工們嚴格執行公司的管理制度，改變一下如此「沒大沒小」的上下屬關係。但他反過來又想和員

工走近一點，現在公司的規模還很小，待遇不高條件有限，有利於增強企業的凝聚力。大家都像兄弟姐妹一樣，公司就像一個大家庭，氣氛是多麼融洽啊。

然而，問題卻接踵而至。在王大鵬「一家親」的理念的影響下，員工們在潛意識中都認為，如果自己的工做出點小問題，王大鵬是不會生氣發火罵自己的。於是，不能用辦公室電腦上打遊戲的規定，大家也半遮半掩地有恃無恐；本該中午 12 點鐘以前完成的工作，就可能拖到下午 5 點。諸如此類的情況越來越多，越來越明顯。

有一次，為了到外地的經銷商出席一個重要的活動，王大鵬和市場部經理喬小芳等一干人馬，披星戴月連夜向目的地驅車趕去。雖然人人都有出差補貼，但一路上吃飯、買水，甚至是買零食，都是王大鵬掏錢，喬小芳採辦。路上，王大鵬發現喬小芳從不回報買東西花了多少錢，錢明明沒用完，也不找給自己，心裡面不免有些惱火。不過，他仍然有說有笑地開著車，並沒有當場發作。第二天早上 5 點多，大家終於到達了目的地。一看時間還早，就決定找個地方先把早點吃了再說。

吃完早點大家上車，王大鵬發現檔位杆旁不知什麼時候冒出了 10 塊錢，就向車裡的同事們問道：「有誰掉了 10 塊錢啊？」坐在副駕駛位置的喬小芳眼尖，一聲「我的」，就將這 10 塊錢揣進了自己的口袋。

王大鵬終於生氣了。「妳怎麼知道是妳的錢？」他望著喬小芳問道。

「是我的錢，我怎麼會不知道。」喬小芳答道。

「妳怎麼知道是妳的錢？」王大鵬加重了語氣。

「我的錢就是我的錢！」喬小芳覺得今天的王大鵬有點不對勁，有點吹毛

求疵，害得自己在同事面前丟了面子，也大聲嚷道。

「妳給我走人！」王大鵬再也忍不住了，對喬小芳大聲吼道。

王大鵬從沒這樣過，喬小芳呆了，但是他說出了這樣的話，自己不可能不走啊。喬小芳感到受了委屈，淚水在眼眶裡打轉，以不敢相信的眼神呆呆地朝著王大鵬望了幾秒鐘。王大鵬絲毫沒有開玩笑的意思，後面的同事們也被王大鵬的爆發給鎮住了。喬小芳只得提著自己的行李，丟下一句「王大鵬，我們走著瞧」，在天還沒完全放亮的清早，往長途客運站走去。

也許你並不是王大鵬這樣的管理者，但是，在我們的身邊，類似於王大鵬這種情況的例子卻並不鮮見。

管理者與下屬親密無間地相處，很容易導致彼此稱兄道弟，並在工作中喪失原則。讓一個管理者完全放下架子，放下權力，走到下屬中間，親近是夠親近了，平等也是夠平等了，但是總讓人感到這個管理者身上好像缺了一點什麼。我們不提倡管理者高高在上，但是也不提倡管理者完全忘掉自己的身分，和下屬稱兄道弟。還是那句話：畢竟管理者和下屬還是有區別的。當然，堅持交往的原則，並不是說管理者和下屬交往時處處提心吊膽，躲躲閃閃。相反，有原則交往能贏得下屬的尊重，使人人感受到平等。

法國戴高樂（Charles André Joseph Marie de Gaulle）將軍有一句座右銘「保持一定距離」。這個座右銘深刻地影響了他和顧問、智囊以及參謀們的關係。在十多年的政治生涯中，他的祕書處、私人參謀部、辦公廳還有智囊機構中，沒有一個人的工作年限能在兩年以上。他曾經對新一任的辦公廳主任說；「我只聘用你兩年，就像人們不能以參謀部的工作作為職業一樣，你也不要把辦公廳主任作為自己的職業。」

不光這樣，即使是新人，他也不與他們任何一個人有工作以外的交往。他與這些人是等距離的，沒有親疏遠近之分。所以這些人犯了錯或是找他辦事，他一律秉公處理。因為他在任職期間，他的幕僚是最為廉潔奉公的。

戴高樂之所以這樣做，主要出於兩方面的原因。一方面，在他看來，工作調動是正常的，固定才是不正常的。第二個原因，他不想讓這些人變成他「離不開」的人，他是想依靠自己的思維和決斷力來做法國人民的領袖，他不容許身邊存在他永遠離不開的人。只有調動，他才能與下屬保持一定的距離，只有有了距離，他才能更好地對他們進行管理，更好地保證顧問和參謀的思維及決斷具有新鮮感，也只有如此，才能杜絕下屬利用他或政府的名義營私舞弊。

戴高樂總統的做法值得我們深思。「近則庸，疏則威」。作為一名管理者，要善於把握與下屬之間的遠近親疏，使自己的管理職能得以充分發揮其應有的作用。

在實際工作中，管理者應該做到以下兩點：

不要和下屬太親密。有的管理者在與下屬相處的過程中，不注意自身形象，有時說話太隨便，「玩笑」開得不恰當，因而造成下屬「沒大沒小」。有的管理者與下屬手挽手、肩並肩地出現在公眾場合，給人一種輕浮的感覺。因此，要建立良好的上下屬關係，不可不分場合地對下屬表示親昵，更不應該把這種親昵發展到庸俗的地步。

淡化與下屬的「私交」。這裡所說的私交，主要是指管理者與下屬之間的個人私情。如果私人感情超過了工作關係，那就會對管理者的管理力度產生不良的影響。因為下屬對管理者的思想感情，包括個人隱私過分了解，可能會降低管理者的威信。所以，作為管理者，要把下屬的注意力引導到盡心盡

力做好份內工作上來，而不要有意無意地把下屬的注意力引導到與自己建立私交上來。私交深了，就談不上保持距離了。

總之，與下屬保持一定的距離，既不會使你高高在上，也不會使你與下屬混淆身分，這是管理的最佳狀態。距離的保持靠一定的原則來維持，這種原則對所有的人都一視同仁：既可以約束企業管理者自己也可以約束下屬。

責備下屬要掌握好分寸

當發現下屬的過失時，管理者及時地予以指正，是很有必要的。但是指正責備的分寸、方法卻又必須掌握得當，不然效果就會適得其反。

一次，張主任怒氣衝衝地衝入辦公室，啪的一聲將一份報告都摔在祕書小王的桌上，辦公室裡其他幾個人同時都愣住了。張主任以為這是個懲一儆百的好機會，就大吼道：「你自己看看，都做這麼多年了，居然還寫這樣空洞無物的報告，送到總經理手中，人家一定會認為我們都沒能力，以後腦子裡多裝點東西，別天天行屍走肉的沒有一點想法！」說完，一甩手就走了，小王被晾在一旁，尷尬異常。

過後，張主任滿以為辦公室的工作效率會有所提高，然而事與願違，大家都躲著他。交代工作時，不是說沒時間，就是說手頭有要事要做。張主任此時才品出一點味道，恍惚意識到此舉並不明智。如果換一種批評的方法，其結果可能就會大相逕庭。

在工作中，員工難免會出現失誤，也不免會受到管理者的批評。管理者對員工批評不當，往往會引起員工的反感。所以，管理者應把握好批評的分寸，盡量減少批評對員工心理造成的負面影響，才能收到較為理想的效果。

185

第七章　掌握分寸，適度處事──恰到好處的做人做事

　　進行批評前，要先調整好自己的心態，避免情緒化。俗話說，金無足赤，人無完人。工作中的失誤是人們自身經驗累積和職業成熟的必經過程。所以當你想要批評員工時，首先要緩解一下心中的怨憤，盡量不要把過激的情緒帶到面談中，即使是面對業績非常不理想的下屬，也要避免火冒三丈地開口就是「你怎麼搞的？」、「你這麼差勁怎麼能⋯⋯」之類有傷下屬自尊的話，這除了使被罵者失面子外，旁觀的人也一定感到不舒服。

　　切忌喋喋不休，沒完沒了。有效的批評往往能一針見血地指出問題的實質，使下屬心悅誠服，而有些喜歡擺架子的領導動輒以領導長輩的口氣教訓員工，在批評過之後，總覺得意猶未盡，還要一次、兩次、三次，甚至四次、五次地重複，對同樣的錯誤「揪住不放」。殊不知現在的人最反感的就是專門教訓人的管理者，當他們被「逼急」了，就會出現「我偏要這樣」的厭煩心理和叛逆想法，即使他能接受批評，也會因為你批評缺乏重點而抓不住錯誤的癥結癥結所在，難免下次犯同樣的錯誤。所以，在批評員工時，一定要言簡意賅，點到為止。

　　不要以審判這種錯誤的形式來批評員工。有些管理者讓員工坐在辦公桌的對面開始一場「教育」。這種過於嚴肅、政治化的審判方式很容易使員工產生緊張和抗拒心理，也不利於了解員工工作業績不理想的真正原因。倘若以會客的方式來接待員工，可以使其消除身分上的差別，緩解心理壓力，輕鬆地與你交流，進而達到指正 ── 改正的目的。

　　批評要注意分寸，給人留點餘地，不能把話說得太絕。有些管理者對員工有種恨鐵不成鋼的感覺，講話時顯得有些冒失：「一點都不長記性，總是屢教不改。」「我看你這輩子是沒有希望了。」這些話會激起性格暴躁員工的極大不滿，對於性格內斂的員工來說也是極大的心理打擊。

　　批評的重點在於評，而不是批。批評的目的是為了找到問題的癥結和根源，著手策劃拯救方案，降低失誤帶來的負面效應，而非為了追究犯錯誤者的責任。我們經常看到受訓的員工從領導者辦公室出來後表現出怒氣沖沖或垂頭喪氣的樣子，原因就在於管理者把批評的重點放在了批上，雙方沒有達成友好的共識，這樣的批評就是失敗的。

　　批評也要注意方法和技巧，照顧員工的自尊心。如請教式：當管理者認為下屬的做法不對，可以這樣對下屬說：「如果按你這種做法，那這個計畫是不是都得重新製作？」，「這樣做似乎有些不妥」，這樣，被批評者大多會自動修正自己的錯誤。三明治式：即兩頭讚揚、中間批評。也就是說，在批評別人時，先找出對方的長處讚美一番，然後再提出批評，而且力圖使談話在友好的氣氛中結束，同時再使用一些讚美性的詞語。暗示式：如你發現某位員工遲到了，指著對方的手錶問：「幫我看一下現在幾點了？」員工就會明白這是領導在批評自己。

　　耐心傾聽員工的解釋或辯解。人們一般都喜歡為自己的行為辯解，尤其是當一個人在工作中已付出很大努力時，會對批評更為敏感，也更喜歡為自己辯解。作為管理者不要以為員工在你面前辯解就是狂妄、目中無人的表現，而要先耐下心來傾聽，必要時，不妨站在員工的角度考慮一下他們的實際情況和切身感受，考慮一下自己在同等條件下是否也會出現過失，然後再做客觀評價。這樣既維護了員工的自尊心，又表現出了你的心胸和修養。

　　小事避免批評。每個人都有自己的工作習慣和工作風格，管理者的批評應放在一些重大的事情或工作失誤上，對一些小事吹毛求疵會讓下屬感覺非常不舒服。如果是因為工作習慣和風格不同而去批評下屬，是非常錯誤的。

　　綜上所述，犯錯誤的員工心理上比較脆弱和敏感，作為管理者在批評時

一定要注意以上幾方面的原則和方法，才能既教育員工，又安撫員工心靈的目的。

不要盲目服從上級的命令

有一個小故事：

有一家牧戶設有一個專門殺羊的屠宰場，但是每次殺羊的時候他們都非常的苦惱，殺羊並不困難，困難的是怎樣將羊趕進血腥味十足的屠宰場內。後來他們終於發現，只要讓領頭羊走進去，所有的羊都會乖乖的跟著領頭羊毫不反抗走進去，哪怕走進去的是平時令它們聞風喪膽的屠宰場。

牧戶在屠宰場的另外一邊開了一個小門，並訓練了一隻領頭羊，每次這隻頭羊帶領著新的一群羊走進屠宰場之後，它便從另外一個小門裡走出去，而被關進屠宰場的羊群面臨的將是殘酷血腥的大屠殺。

這隻領頭羊在毫不知覺的情況下，一次次帶領新的羊群走進屠宰場，而羊群對這隻領頭羊依然毫無保留的跟隨。

悲劇就這樣一次次的重演，而所有的源頭只是因為群羊的盲目服從，它們的追隨完全沒有自己的分寸。

無獨有偶。一隊螞蟻在樹上排成長長的隊伍前進，有一隻帶頭，其餘的依次跟著，食物就在枝頭，一旦帶頭的找到目標，停了下來，它們就開始搬運。有人做了一個實驗，將這一組螞蟻放在一個大花盆的邊上，使他們首尾相接，排成一個圓形，帶頭的那條螞蟻也排在隊伍中。那些螞蟻開始移動，它們像一個長長的遊行隊伍，沒有頭，也沒有尾。在螞蟻隊伍旁邊擺放一些它們喜愛吃的食物。但是，螞蟻們想吃到食物就得看他們的目標，也就是那

只帶頭的螞蟻是否停了下來。一旦停了下來，它們才會解散隊伍不再前進。觀察者預料，螞蟻會很快厭倦這種毫無用處的爬行而轉向食物。但事實上，螞蟻沒有這樣做。出乎預料，整隊螞蟻一直跟著那只帶頭的螞蟻，沿著花盆邊爬了七天七夜，一直到餓死為止。

為什麼會出現這種情況？就是因為螞蟻失去了自己的判斷，盲目跟從，結果進入了一個循環的怪圈，永無休止地耗盡了自己的生命而不自知。

由此可見，盲從別人，必定失去自我。表面上看起來這只是個人的性格問題，但卻給你的生活和工作套上無形的枷鎖。因為你失去了用自己的頭腦思索問題並做出正確判斷的能力。

在工作上，有些管理人員往往也會和盲從的羊群、螞蟻一樣，盲目地追隨上司，一切聽從上司。職場中曾一度流行這樣一句話：「職場守則第一條：上司永遠是對的；第二條：如果發現上司的錯漏，請參照第一條。」這就是盲從。這句話強調了下屬對上司的絕對服從關係，但這並不表明上司向你傳達的所有指令你都必須執行。

服從上司是做好工作的一條紀律，也是一條基本的準則。在工作中只有堅持這條準則，才能做好工作。但是服從不等於盲從，管理人員一定要能夠獨立思考，處事有主見。

春秋戰國，有人向楚平王進讒，說太子建企圖謀反。楚平王不問青紅皂白，命令城父司馬奮揚去殺太子建。奮揚追隨太子建多年，對太子建的為人很了解，知道謀反之說純屬冤枉，就派人送信給太子建，讓他逃到了宋國。

楚平王召來奮揚說：「話出自我的口中，進入你的耳朵，誰告訴了太子建？」

　　奮揚回答：「是我告訴他的。你曾經命令我：『侍奉太子建要如同侍奉我一樣』。我按照你當初的命令對待太子，不忍心照後來的命令做，所以送走了太子。」

　　楚平王說：「你違背了我的命令，還敢來見我？」

　　奮揚說：「接受命令而沒有完成任務，已經犯了錯誤。君王召來而不來，就是第二次犯錯誤了。所以我不敢逃走。」

　　楚平王很欣賞奮揚的忠誠，更敬佩他敢做擔當的勇氣，就說「回去吧，還像從前一樣辦事。」

　　奮揚沒有盲從上司的錯誤命令，這才是真正的忠誠。誠然，服從是下屬的一種使命，也是一種忠誠。但盲從卻是不負責任、愚忠的表現。

　　某集團公司的祕書，平時對上司言聽計從，上司走到哪裡服務到哪裡，為領導端茶倒水，鞍前馬後，伺候得上司舒舒服服，深得信任，成為心腹。有一次，上司帶他出去應酬喝酒，上司大醉，因對服務員的服務不滿，伸手給了服務員一耳光，感覺不解氣，又命令這位祕書去痛打服務員，這位祕書不僅沒有勸解阻攔領導，反而抄起一個酒瓶向服務員砸去，致使服務員顱骨骨折，搶救無效而死亡。結果，領導因唆使他人行凶致人死亡被判刑，祕書也因過失殺人而銀鐺入獄。

　　服從不是盲從。當上司向你下達任務時，你應該學會分析辨別，哪些是必須執行的，哪些是要堅決拒絕的，然後去做正確的事。

　　人無完人，上司也會有錯誤，也會說錯的話，做錯的事、下達錯誤指令。當你發現上司有錯時，你怎麼辦？這就需要你在接受上司安排的任務時進行冷靜的思考，權衡利弊。如果確實該做，就要毫不猶豫地去執行。如果

是不應該做的，並且對自己、對公司都貽害無窮，那就想方設法提出中間存在的問題，而不能盲從。

以下有幾個建議，你可以參考：

一是冷靜面對上司。有的上司可能比較威嚴，在公司裡整天板著臉，讓膽小的下屬感到緊張，上司一安排任務就慌張地接受；有的上司恰好相反，對待下屬平易近人，讓下屬對分配的任務很難說出一個「不」字。無論面對哪一種上司，你都要冷靜地應對，這樣你才不會在沒有充分考慮的前提下草率地接受任務。

二是權衡利弊。上司的某些指令，你憑直覺就能覺察出是錯誤的，是不可執行的。而有些指令，雖然是不應該執行的，可是上司進行了偽裝，讓你一時感覺不出來。這就需要你在接受上司安排的任務時進行冷靜的思考，權衡利弊。如果確實該做，就要毫不猶豫地去執行。如果是不應該做的，並且對自己貽害無窮，那就想方設法拒絕。

黃志堅是某部門一名得力員工，常跟主任出公差。這位主任有個不良嗜好，就是工作之餘喜歡沒日沒夜地搓麻將，而且不來點「刺激」不罷手。有些下屬投其所好，極盡巴結、奉承之能事。有一次該主任叫黃志堅也跟著去「湊個熱鬧」，說下面的人看在我的面子上是不會虧待你的。黃志堅坦率地說：「主任，你知道我這人不喜歡玩牌，再說他們當中有些人老是在你面前輸得一塌糊塗，恐怕是有備而來的。」主任臉有慍色：「難道你認為我的技術比不上他們？」黃志堅說：「恕我直言，一個下屬如果老是在非工作場合給上司實惠，久而久之，上司也許會掉進蜜罐子被他們利用。不是有這樣一句話嗎，『要想拉下一個人得先去奉承他』，請您三思。」這位主任意識到問題的嚴重性，慢慢地改掉了打牌只為贏錢的毛病。後來，主任因工做出色升任為

局長，黃志堅也因為敢在上司面前說真話而被提拔到辦公室主任的位置上。

三是向上司提出合理的建議。對於上司一些不合適的決策，甚至很明顯的錯誤決斷，應及時向上司提出合理的建議，不可一味地盲從。若上司的一些不合適的決策已公開，可以迴避眾人私下找時機提出，在維護上司尊嚴的同時，盡量讓上司修正決策，進行妥善處理。即使上司一意孤行，你切不可率領下屬進行抵抗，應耐心地溝通和協調。

讓合適的人做適合的事

人才的作用的是巨大的，有效地發揮人才的價值，讓合適的人做合適的事，是提高有效執行公司總目標的重要途徑之一。

然而在現實生活中，我們常常聽到有些企業管理者抱怨說：找不到合適的人才，或者好不容易經過初試、複試後終於入了公司，卻發現並不讓人滿意。究其主要原因就是沒有找到合適的人去做合適的事。

去過廟的人都知道，一進廟門，首先是彌勒佛，笑臉迎客，而在他的背後，則是黑口黑臉的韋馱菩薩。

但相傳在很久以前，他們並不在同一個廟裡，而是分別掌管不同的廟。

彌勒佛熱情快樂，所以來的人非常多，但他什麼都不在乎，丟三落四，沒有好好的管理財務，所以依然入不敷出。

而韋馱菩薩雖然管帳是一把好手，但成天陰著個臉，太過嚴肅，搞得人越來越少，最後香火斷絕。

佛祖在查香火的時候發現了這個問題，就將他們倆放在同一個廟裡，由彌勒佛負責公關，笑迎八方客，於是香火鼎盛。而韋馱菩薩鐵面無私，錙銖

必較，則讓他負責財務，嚴格把關。

在兩個人的分工合作中，廟裡一派欣欣向榮景象。

由此可見，讓合適的人做適合的事，人盡其才，不僅能有效地發揮人才的價值，還能有效提高人才的能力。

每個人的能力都呈現出特定的傾向，在一些領域能力表現突出，而在另一些領域裡能力表現一般或低下。作為管理者，應該優先在人才擅長的領域內分配工作。比如：長於空間思維能力而人際能力較差的人，適合技術性的職位；有較強計算能力的人適合做會計、投資類工作；統籌能力強、頭腦清晰的人適合做生產調度；有較強的人際交往能力的人適合做行政、人事、行銷等工作等。

兵聖孫子說，「故善戰者，求之於勢，不責於人，故能擇人而任勢。」、「人為先，策為後」與「擇人任勢」有著異曲同工之妙。沒有合適的人，再好的策略也沒有意義。

企業能否成功地發展，員工能夠積極地投入工作，很大程度取決於管理者是否善於用人，是否任用得當企業的各個工作職位都配備合適的人選，員工都能勝任份內工作，整個企業就會像一臺大機器，順利運轉，管理者者要盡量做到讓合適的人做適合的事。

汽車大王帕爾柏在開闢自己的汽車代理業務時，曾為自己的公司聘請了一位大汽車製造公司的管理人員來負責汽車的行銷業務。

新上任的行銷主管的確對汽車業十分內行，甚至都能說出汽車所有零部件的名稱和從哪可以買到它們，但他對汽車的銷售、銷售人員的管理、如何控制不必要的銷售費用、行銷策略方面的知識一竅不通。由於他來自生產廠

家，習慣於汽車生產管理，對如何與廠方據理力爭，抓到暢銷車的貨源缺乏主意，最終使帕爾柏的希望落空。

後來，帕爾柏另聘了一位善經營懂銷售的人，該先生十分了解汽車的行情，推銷中有自己獨特的見解，更注意費用的核算，結果使公司的業績蒸蒸日上。

用人之難，難就難在如何知人善任上。所謂的善於用人，也就是為工作安排最合適的人選，為人選安排最適當的工作。只有如此，才能有效激發出人才的能力，並使工作得到圓滿完成。

古人云：「善用人者能成事，能成事者善用人。」知人善任是一個管理者成熟的指標，也是一個企業管理者將企業「引航前行」的關鍵條件之一。管理者管理真經就是要知人善任，方能成就大事。

美國著名的百貨公司薩耶盧貝克公司的創始人之一的理查薩耶成立公司後，希望找到一個能夠讓人滿意的管理者，但是一直沒能找到。

一天，薩耶下班回家，看見桌上放著一塊他妻子新買了一塊一直賣不出去的布料，感到很意外。

但妻子告訴他，賣布的說今年的遊園會上，這種花式將會流行。

妻子告訴他，在遊園會上，當地的社交界最有名的貴婦，同時也是當地婦女時裝的嚮導瑞爾夫人和泰姬夫人都會穿這種花式的衣服，而且還不許薩耶把這個消息說出去。

「這個消息，是誰告訴你的？」薩耶對這個問題產生了興趣。

妻子支吾了半天，吐露了真話：「賣布的告訴我的，不過，他叫我不要再告訴其他人。」

　　薩耶認為妻子一定是上當受騙了。但他並沒有把這件事掛在心上，甚至他店中的這種布料都被一個布販賣走了，也沒引起他的注意。直到遊園的那天，全場婦女之中，只有那兩名貴婦及少數幾個女人穿那種花色的衣服，薩耶太太也是其中之一，真是喜形於色，出盡風頭。遊園結束時，很多婦女拿到一張通知單，上面寫著：瑞爾夫人和泰姬夫人所穿的新衣料，本店有售。

　　薩耶暗自驚訝，有種豁然貫通的感覺。他已覺察出這件事從頭到尾都是那個小布販一手安排的，不禁佩服他的推銷手段。

　　第二天，薩耶找上那家店鋪，只見人群擁擠，爭先恐後地在搶購。等他們走近一看，才知道比想像中的更絕。店門前貼著大紙上寫道：衣料售完，明日有新貨進來。那些擁擠搶購的人，唯恐明天買不到，在預先交錢。夥計並解釋說，這種法國衣料原料不多，難以充分供應。薩耶知道這種布料進貨不多，但並非因為缺少原料，而是因為銷路不好，沒有再繼續進口。看到對女人心理如此巧妙的運用，直到最後一招以缺貨來吊起時髦女人的胃口，實在覺得這個布販手法高人一等，令人折服。

　　於是薩耶馬上找到店鋪的主人布販路華德，誠心請他到自己的公司擔任總經理。感於薩耶的真誠，路華德推掉其他公司的邀請，來到的薩耶的公司，開始發揮他的商業才華。

　　當上總經理的路華德為報知遇之恩，天天廢寢忘食地工作，終於做出了驚人的成就。薩耶盧貝克公司聲譽日隆，10 年之中，營業額竟增加了 600 多倍。現在，該公司擁有 30 萬員工，每年的售貨額將近 70 億美元，對於零售行業，這簡直是個不可思議的天文數字。

　　讓合適的人做合適的事，人盡其才，不僅能有效發揮人才的價值，還能有效地提高員工的有效執行能力，這對企業和員工都是件十分有益的事情。

第七章　掌握分寸，適度處事—恰到好處的做人做事

　　松下幸之助於 1918 年開始做生意，當時公司的規模很小，他只聘請了幾位大的電器公司根本不屑一顧的員工，他們不會高談闊論，也不會開拓海外市場，但松下認為他們合適。按照公司當時的規模，當時在學校前三名的優秀學生是不會到松下電器公司來的，即使他們來了，松下也會感到困擾，因為沒有合適的工作給他們做。松下認為，企業所用的人才必須適合工作的要求，這樣才能把生意做起來。即使後來公司規模大了，松下公司及下屬分公司在選用人才時仍然以「合適」為原則，不像其他企業盲目追求高學歷、高工作經驗。

　　讓適合的人做適合的事，才能突出有效執行的能力，否則就很難達到目的。所以，在選聘人才時，應考慮其執行力是否與職位的要求相匹配。只有選擇適合職位要求的人才，才能為企業創造價值。

　　清代學者阮元在一首詩中寫道：「交流四水抱城斜，散作千溪遍萬家。深處種菱淺種稻，不深不淺種荷花。」把種子散在最適宜生長的地方，方才喜得豐收果實。如果我們把人才比作一粒種子，要想讓人才在單位發揮最大能量，取得最大利益，作為管理者就要掌握單位各類人才的專業專長，根據單位職位設定情況，合理地選擇優秀人才配備相應職位施展其才能。把人才放在最適宜成長的位置。知人善任，不僅是一種用人觀念，更是一種智慧。

　　世界上只有無能的管理者，沒有無能的下屬。高明的管理者應該發現員工身上可用的地方，明白每個人的才能，讓每個人充分發揮他的效用。是金子就要發光，是人才就要發揮其才，這是最起碼的用人原則。如果管理者能做到這一點，讓合適的人做適合的事，自然能收到最大的效用。

卓越的管理者不需要事必躬親

管理者不是超人，精力是有限的。即便是最有能力的管理者也只有一雙手，公司裡的事情又是千頭萬緒，如果試圖自己去做所有的事情，即使把自己累死也做不完。所以，必須克服親力親為的習慣以提高工作效率。這樣，管理者才能夠在同樣的時間裡做更重要的事情，而不是將自己淹沒在那些日常瑣碎的事情中，表面上看忙忙碌碌，但實際上並沒有解決多少問題，或者只是做了本來應該由別人做的事情。

英國有個叫約翰的企業家在發展到幾家大型連鎖超市後。依舊採用小店鋪的老闆作風，對公司的上上下下，關切個徹透；哪個管理者做什麼，該怎麼做；哪個員工做什麼，該怎麼做，他都安排得細微妥帖。而當他出外度假時，才出門一週，反映公司問題的信件和電話就源源不斷，而且盡是些公司內部的瑣碎小事。這使得約翰不得不提前結束原準備休一個月的假期，回公司處理那些瑣碎的問題。

假如約翰在企業管理中層次分明、職責清晰，怎麼會度不成一個安穩的假期呢？究其原因，在於他的管理有問題，滋養了部下和員工們的惰性，造成了事無大小全憑指揮，缺乏思考和創造性的情形，以至於離了他，公可便無法正常運轉。就管理成效而言，這是一種十分糟糕的情況。管理者事無鉅細都事必躬親不但在時間、精力上應付不過來，而且必然沒有效率，從而影響組織目標的實現。

一些管理者之所以成天忙忙碌碌卻又做不到點子上，其原因就是大事小事都要插手。這些管理者一方面抱怨事情做不過來，另一方面又事無鉅細，什麼事都要親自管。當下屬一有問題時，他便親自去處理那些本應由下屬處

理的問題，陷在事務圈裡不能自拔。這種唱「獨角戲」的做法，幾乎毫無可取之處。而管理者也會很快陷入顧此失彼、全域觀缺失的管理障礙中。如果企業的管理者事事都要親力親為，不但會影響到企業經營的績效，影響到管理秩序和管理平台的升級，還會因陷於瑣碎事務中，而錯失許多企業發展的機會。但是，不論是哪一級管理者，一旦患上了事必躬親的毛病，就可能忘掉「讓專業的人去做專業的事」的基本管理原則，而使自己及企業陡增更多犯錯的可能 —— 尤其糟糕的是，如果用對的人去做對的事，這些錯誤本來是可以避免的。與此同時，在對一些大事的處理和對市場機會的把握上，又會延誤戰機錯失機會。簡單地說，越想親力親為做得好一點，就越可能把事情弄砸；越想全都抓住，種種問題就越是叢生，越難提升團隊的經營、管理績效。

1933 年 7 月，松下決定投資開發小馬達。因為他發現家用電器中，使用小馬達作驅動的電器愈來愈多。過去馬達都是使用在大機器裡，而如今是家用電器現代化的趨勢，使得很多像電風扇一樣的家電湧現出來，這些家電都需要用小馬達。松下幸之助相信家用電器中大量使用小馬達的時代即將到來，於是，他委任一個非常優秀的研發人員中尾擔任新產品研發部部長。中尾接受任務後，帶著部下買來了奇異生產的小馬達，著迷地進行拆卸與研究。

有一天，松下幸之助正好經過中尾的實驗室，看到中尾如此認真地工作，松下非但沒有表揚他，卻狠狠地罵了中尾：「你是我最器重的研究型人才，可是你的管理才能我實在不敢恭維。現在，公司的規劃已經相當大了，研究項目日益增多，你即使一天有 48 小時，也完不成那麼多工作。作為研究部長，你的主要職責就是製造 10 個，甚至 100 個像你這樣擅長研究的人，

我相信你能做到。」

松下這樣要求自己的部下，就是因為他認為部長應當做部長的事，而不是做技術人員的工作。如果中尾這種思維不轉變，部長個人能力再強，也不可能把松下做成大公司。

孔子在《論語》中講：「不在其位，不謀其政」，指的就是不去做不該做的事，這樣一來也就有時間和精力去做該做的事，該做的事也就容易做好。很多企業管理者不明白這個道理，以為做得越多就等於工作效率越高。但是事實確是——對於一個司機而言，除專注地操作方向盤以外，做其他任何事情，即使做的再好，也是失職。

親力親為、事必躬親是個難以自拔的怪圈。對一些企業而言，親力親為被當成一種美好的品德，意味著始終保持艱苦創業精神的良好傳統，深深地潛伏於他們心中。在創業階段，管理者們都是大事小事親自上陣，從而邁向更高的臺階的。於此背景下，眾多管理者都在潛意識中認為創業難，守業更難，就更需要謹慎，而唯有盡可能地親自處理具體事務，才更放心，更有保障。但當企業走向正軌，發展到管理架構及體制完善、職位設定明細的階段，親力親為的慣性難免會使管理者們一切照舊。這勢必會影響到企業經營的績效，影響到管理秩序和平台的升級，還會使管理者因陷於瑣碎事務中，而錯失許多企業發展的機會。

其實，任何一個公司都不可能靠一個人去運轉，任何一個項目也都不可能一個人去完成。那麼管理者如何高效率的帶領著自己的下屬去完成任務呢？適當的授權就是很重要的方面。

戴爾（Dell）電腦公司今天已是全球舉足輕重的跨國公司。創始人麥可·戴爾（Michael Dell）剛開始創業時，也曾發出這樣的抱怨，但他很快就找

到了原因，並找到了解決的辦法，那就是授權。

戴爾事業初創時，由於經常加班趕活，再加上他剛離開大學，習慣了晚睡晚起的作息，第二天經常睡過了頭，等他趕到公司時，就看見有二三十名員工在門口閒晃，等著戴爾開門進去。

剛開始戴爾不明白發生了什麼，好奇地問：「這是怎麼回事？你們怎麼不進去？」

有人回答：「老闆，你看，鑰匙在你那兒，我們進不了門！」

戴爾這才想起公司唯一的鑰匙正掛在自己腰間，平時總是他到達後為大家開門。

從此，戴爾努力早起，但還是經常遲到。

不久，一個職員走進他的辦公室報告：「老闆，廁所沒有衛生紙了。」

戴爾一臉不高興：「什麼？沒有衛生紙也找我！」

「存放辦公用品的櫃子鑰匙在你那裡。」

又過了不久，戴爾正在辦公室忙著解決複雜的系統問題，有個員工走進來，抱怨說：「真倒楣，我的硬幣被可樂的自動售貨機吃掉了。」

戴爾一時沒反應過來：「這件事為什麼要告訴我？」

「因為售貨機的鑰匙你保管著。」

戴爾想了想，決定放權，不能事無鉅細一把抓著。他把不該拿的鑰匙交給專人保管，又專門請人負責其他部門。公司在新的管理方法下變得井井有條。

面對經濟、科技和社會協調發展的複雜管理，即使是超群的管理者也不

能獨攬一切。管理者的職能已不再是做事，而在於成事了。出路在於智慧，採取應變分身術：管好該管的事，放下不該自己管的事。因此，他們必須向員工授權。這樣做對上可以把管理者從瑣碎的事務中解脫出來，專門處理重大問題。對下可以充分發揮員工的專長，激發員工的工作熱情，增強員工的責任心，提高工作效率，並可以根除企業內部的信任危機。

適度授權，有效監控

授權是組織運作的關鍵，它是以人為對象，將完成某項工作所必須的權力授給部屬人員。即管理者將職權或職責授給某位部屬負擔，並責令其負責管理性或事務性工作。授權是一門管理藝術，充分合理的授權能使管理者們不必親力親為，從而把更多的時間和精力投入到企業發展上，以及如何引領下屬更好地運營企業。

但有些管理者對授權有疑惑，誤認為自己既然授權，就可對任何事都不聞不問。其實，這是錯誤的觀念。卓有成效的管理者不僅要是一個授權的高手，更應該是一個控權的高手。否則，會使授權失去意義，使公司遭受損失。

楊剛強拿出自己多年來做工賺來的人民幣 4 萬塊錢（約新臺幣 20 萬元），與人合作包下農用機械廠。3 年後又用賺來的 10 萬元人民幣（約新臺幣 50 萬元），並貸款 500 萬元人民幣（約新臺幣 2500 萬元）創辦了蘭州黃河啤酒廠。

楊剛強讀書不多，內心有種人才情結。他敢將自己現任的總經理一職讓出來，並在報上刊登廣告重金納賢。

或許正是這種人才情結，當結識了金融研究生王元之後，他便將黃河公司上市的希望寄託在了王元身上。不久，王元受聘為黃河集團副總經理，主要負責企業上市工作。

由於對上市操作一無所知，楊剛強對王元可說是百般信賴。上市的籌備、公司章程的制定、董事會人員的安排，全由王元一手操辦。1989 年 6 月，蘭州黃河股票成功上市。

1989 年 7 月 29 日，黃河集團以每股 1.2 元人民幣（約新臺幣 6 元）的價格讓北京榮園祥科技有限公司轉讓其所持有的 1980 萬股蘭州黃河法人股。當時蘭州黃河每股資產為 5.05 元人民幣（約新臺幣 25.25 元），轉讓價低得出奇引起輿論界一片譁然。轉讓之後榮園祥成為蘭州黃河的第二大股東，但在 8 月 12 日蘭州黃河中期報告中，蘭州黃河的前 10 名股東名單卻不見榮園祥的名字。

問題出在什麼地方？

首先，受讓 1980 萬股蘭州黃河的北京榮園祥科技有限公司是在股權轉讓協議簽署當天剛剛成立的，其法人代表是孟祥魁，他的另一個身分是王元之子。

其次，蘭州黃河從股市上募集到 3.36 億人民幣（約新臺幣 16.8 億元）資金後，這筆錢沒有按照說明書的承諾計畫投入項目，而是被王元存入了一家與黃河集團沒有合作關係的銀行，其中 1.8 億人民幣（約新臺幣 9 億元）用來購買中國國債，700 萬元人民幣（約新臺幣 3500 萬元）做了存款，另外 1400 萬元人民幣（約新臺幣 7000 萬元）沒了下落。

楊剛強感到事態有些失控後，請律師到北京調查，結果讓楊剛強大吃一

驚。他先後三次找王元談話，先是勸王元把帳目交清後自動辭職。王元則攜帶公司的印鑑和文件離開蘭州黃河公司，在外面以蘭州黃河公司的名義活動，再也不見楊剛強了。萬不得已，黃河集團向警方報案。王元因涉嫌經濟犯罪被蘭州警方依法拘留。

下屬權力過重，難免會擁「兵」自重，這無論是對管理者本身還是對整個組織來說，都是一個非常大的隱患。一旦權力過重的下屬起了二心，必將帶來嚴重後果。上面的例子裡楊剛強對王元過於信任，將工作委託給他，任由他做，給了他可乘之機，最終只能自食其果。

「一管就死，一放就亂」是很多企業面臨的問題，也是很多管理者不敢放權的原因。其實，放權不等於放任，在權力下放的同時，也要強調權力背後的責任。授權予下絕不是簡單地把工作和權力交給下屬，而是必須要經過周密考慮、精心準備，以免出現差錯。授權以後管理者照樣負有全部責任，不能撒手不管，放任自流。如果管理者授權只是圖省事、享清閒，自己當「甩手掌櫃」，那就大錯特錯了。在授權後，管理者還有一項重要工作，那就是做好授權後的控制。

「授權不等於放任，必要時要能夠時時監控。」對管理者來說，凡事並不必親力親為，給下屬獨立操作的機會，是首要的；而授權並不意味著放任下屬隨意妄為，監督過程要貫徹始終。授權是一門藝術，控權同樣是一門藝術。善於授權的管理者，同時也必須是善於控權的管理者，二者相輔相成，才能確保對系統實施有效控制，確保權力有序運行。

自 1962 年山姆·沃爾頓在美國阿肯色州開設第一家商店至今，沃爾瑪已發展成為全世界首屈一指的零售業巨頭。在全球 11 個國家共擁有超過 5000 家沃爾瑪商店，2003 年的銷售額達到廠 2563 億美元，聘請員工總數達 150

萬。連續兩年在美國《財富》雜誌全球 500 強企業中名列前茅。其創始人山姆‧沃爾頓也因此一度成為全球第一富豪。

　　由於沃爾瑪發展異常迅速，而且規模益龐大，山姆不得不考慮把權力下放給區域副總裁和地區經理。就像沃爾瑪的負責人之一所說：與十到十五年前相比，現在的區域副總裁必須擁有與沃爾頓更相近的才幹。現在的首席執行官不可能為全公司 130 萬名員工解決所有問題。如果公司成立之初，最高管理層也碰到這麼多問題，你也不得不採取現在的做法。你必須有四、五十個人負責處理這些問題。以前必須由高級管理層處理的許多問題，如今在較低層級就解決了。管理團隊覺得根據公司目前的情況，不可能有別的方法應付這些事情。

　　下放到高層之後，山姆並沒有因此停止授權。他認為，公司發展越大，就越有必要將責任和職權下放給第一線的工作人員，尤其是清理貨架和與顧客交談的部門經理人。沃爾瑪的這些做法實際上就是教科書中關於謙虛經營的範例。山姆‧沃爾頓將它稱為「店中有店」，他讓部門經理人有機會在競賽的早期階段就能成為真正的商人，即使這些經理人還沒有上過大學或是沒接受過正式的商業訓練，他們仍然可以擁有權責，只要他們真正想要獲得，而且努力專心地工作和培養做生意的技巧。

　　山姆認為，把權力下放之後，必須讓每一位部門經理充分了解有關自己業務的資料，如商品採購成本、運費、利潤、銷售額以及自己負責的商店和商品部在公司內的排名。他鼓勵每位部門經理管理好自己的商店，如同商店真正的擁有者一樣，並且需要他們擁有夠的商業知識。沃爾瑪把權力下放給他們，由他們負責商店全套的事務。

　　此制度推行的結果，使年輕的經理得以累積商店管理經驗。而沃爾瑪公

司裡有不少人半工半讀完成大學學業，隨後又在公司內逐漸被提升為重要的職位上。

這樣，沃爾瑪不僅給部門經理委派任務，落實職責，而且允許其行動自主享有很廣泛的決策資格。他們有權根據銷售情況訂購商品並決定產品的促銷法則。同時每個員工也都可以提出自己的意見和建議，供經理們參考。

在下放權力的同時，山姆一直努力嘗試在擴大自主權與加強控制之間實現最佳的平衡。同其他大零售店一樣，沃爾瑪公司當然有某些規定是要求各家商店都必須遵守的，有些商品也是每家商店都要銷售的。但山姆·沃爾頓還是逐步保證各家商店擁有一定的自治許可權。訂購商品的權責歸部門經理人，促銷商品的權責則歸商店經理人。沃爾瑪的採購人員也比其他公司人員擁有更大的決策權。沃爾瑪的各家分店可以採用不同的管理模式，可以有自己獨特的風格，但每一個員工也要遵守公司制定的《沃爾瑪員工手冊》；員工可以有不同的觀念和生活方式，也可以各抒己見、暢所欲言。但一旦公司或商店部門做出決策，就必須維護決策。雖然允許他們保留意見，但決策的權威性不可動搖，所有人都要服從。當然，如果有較大的分歧，公司或商店部門也可以將意見直接反映到總部。

把權力下放給較低層級的管理人員，並不表示高級管理團隊放棄傳播公司企業文化的責任。他們主要是在有眾多員丁聚集的場合傳揚企業文化，例如一年兩次的經理人員會議，以及一年一度的股東大會。

山姆在放權和控權之間有遊刃有餘，既激發了公司各個層面的主動性、自主性，也統率著公司的決策權，可謂授權管理的典範。

授權管理的本質就是監控和督查。管理者在授權的同時，必須進行有效的指導和控制。「授權就像放風箏，部署能力弱則線就要收一收，部署能力

強了就要放一放。」這句話形象地闡明了授權與控權的藝術。風箏既要放，又要有線牽。光牽不放，飛不起來；光放不牽，風箏也飛不起來，或者飛上天空失控，並最終會栽到地上。只有倚風順勢，邊放邊牽，放牽得當，才能放得高，放得持久。在實際工作中，如何做到既授權又不失控制呢？下面幾點頗為重要。

評價風險：每次授權前，管理者都應評價它的風險。如果可能產生的弊害大大超過可能帶來的收益，那就不予授權。如果可能產生的問題是由於管理者本身原因所致，則應主動矯正自己的行為。當然，管理者不應一味追求平穩保險而如履薄冰，一般來說，任何一項授權的潛在收益都和潛在風險並存，且成正比例，風險越大，收益也越大。

當眾授權：當眾授權有利於使其他與被授權者有關的部門和個人清楚，管理者授予了誰什麼權、權力大小和權力範圍等，從而避免在今後處理授權範圍內的事時出現程序混亂及其他部門和個人「不買帳」的現象。當眾授權，還可以使被授權者感覺到管理者對他的重視，感覺到肩上的擔子，從而使他在今後的工作中更加積極、更加主動、更有成效。

明確授權指標與期限：下屬必須了解自己在授權下必須達到哪些具體目標，以及在什麼時間內完成，清楚了這些才能有基本的行動方向。授權不是單單把事丟給員工，還要讓他明白管理者期盼些什麼。

進行合理的檢查：檢查可以鼓勵和控制。需要檢查的程度決定於兩方面：一方面是授權任務的複雜程度；另一方面是被授權下屬的能力。管理者可以藉由評價下屬的成績，要求下屬寫進度報告，在關鍵時刻與下屬進行研究討論等方式來進行控制。

軟硬兼施，剛柔相濟

在當今企業中，有的管理者強調剛性管理，剛性有餘，柔性不足；有的管理者則強調柔性管理，柔性有餘，剛性不足。其實際上，太剛和太柔都不可取。通用公司前總裁傑克曾說過：「企業的運營主要有兩把尺，一把軟，一把硬。」管理者既要具備剛的心理素質，還要具備柔的心理素質；既要會剛的工作方法，還要具備柔的工作方法，做到剛柔相濟。否則，能剛不能柔，就缺乏一個管理者所必須的人情味，顯得粗暴、強硬；能柔不能剛，就顯得缺乏陽剛之氣，處理問題優柔寡斷，難以成就教育大業。只有剛中有柔、柔中帶剛、剛柔相濟，軟硬兼施，才能在管理中收到實效。

管理者在馭人和做事的時候，當柔則柔，當剛則剛。如果管理者只是純粹的採取強硬態度，員工肯定感受不到企業的溫暖，但是純粹的軟態度又會讓企業陷入無原則狀態，只有剛柔相濟才能夠在管理中得到平衡。

剛與柔是兩個意義相反又互相連繫的概念，是矛盾既對立又統一的表現，某一條件下能夠互相轉化。從企業實踐的角度來看，剛性管理與柔性管理是密切地連繫在一起的。剛性管理是管理工作的前提和基礎，它為整個管理工作構建了骨架，規定管理的幅度、目標、時間、空間和必要的剛性手段，使企業與個人的所有行為都在這一框架下有序地運行。然而現實中，諸如制度推行之類的規範管理，如果缺乏柔性管理的補充和完善，就很容易適得其反，變得僵化。因此，如何在規範管理當中「剛中帶柔」，便顯得尤為重要。

企業的柔性管理是以剛性管理的存在為基礎的，柔性強調「以人為中心」，對員工進行人性化管理，要依據人們自身的心理和行為規律，採取非強

制性手段對管理對象進行引導和教育，務求最大限度發揮員工的潛在素質和能力，並自覺遵守企業的剛性制度。缺乏一定的柔性管理，剛性管理也會難於深入。

在今天的這個現代市場經濟當中，任何一個成功的企業，不管其規模是大還是小，也不管其資本是不是雄厚，其成功的背後必然會有一個共同的訣竅，那就是剛柔相濟。

鴻海集團是全球 3C（電腦、通訊、消費性電子）代工領域規模最大、成長最快、評價最高的國際集團，現已成為專業研發生產精密電氣連接器、精密線纜及組配、電腦機殼及准系統、電腦系統組裝、無線通訊關鍵零元件及組裝、光通訊元件、消費性電子、液晶顯示裝置等產品的科技企業。鴻海曾被美國財富雜誌評鑑入選為全球最佳聲望指標電子企業 15 強，並成為全球唯一能連續六年名列美國商業週刊科技百強（IT100）前十名的公司。

鴻海集團之所以發展如此迅猛，與其董事長郭台銘先生剛柔相濟的管理密不可分。

為了降低成本、提高效率，郭台銘一直實施著嚴格的軍事化管理。每個進入鴻海的新員工，工作前都必須接受為期 5 天的軍事訓練。對於高層主管，郭台銘的要求更為嚴格，他隨時隨地向他們提問，如果答不上來，罵人的話立刻脫口而出，這些千萬富翁，照樣要在會議桌前罰站。據說，只要是郭台銘下達的命令，即使遠在地球的另一端，相關負責人也要在 8 小時內回應，沒有時差的則必須在 15 分鐘內答覆……

對於表現好的員工，郭台銘又像「天使」般慷慨。在 2002 年的年終慶祝會上，郭台銘打算對辛勤工作了一年的員工們進行犒賞，於是拿出了 2.3 億元新臺幣！

不僅如此，每年，郭台銘都會為上百名主管安排全方位體檢。與經理們一起吃飯時，他時常動幾下筷子就不吃了，等大家都吃飽了，他才把剩下的菜倒進碗裡，大口大口吃下去。

就是在這樣一種剛柔並濟的管理中，鴻海形成了一股特殊的向心力。

只有柔不能成事、只有剛也不能立威，所以，在實際中，管理者需要剛中有柔、柔中帶剛、剛柔相濟地進行管理工作，以剛性的制度約束員工，以柔性的手段化解員工和企業間的矛盾，使員工個人需求與組織的意志相協調，從而達到生產效率和管理效率的全面提升。

第七章　掌握分寸，適度處事—恰到好處的做人做事

第八章　合作共贏，團結處事 ——
贏得他人的擁護與合作

　　團結是做人處事的一種基本的道德規範。團結就是力量，團結和諧才能興旺發達。一個企業如果不講團結和諧只會是一盤散沙，缺乏戰鬥力，因此要做好工作首要問題是講團結。團結出真知，團結出凝聚力，團結出生產力。管理者作為團隊的一員，為了高效地進行工作，必須具備促使大家團結合作的處事能力，讓下屬真正「心甘情願」地完成好被安排的任務，把企業建設成為精誠團結、坦誠交流、分享成功、共同發展的快樂團隊，這樣企業一定會有更好的發展，個人的力量和才智才能得到最好展現。

培養下屬的團隊精神

　　企業要使自身處於最佳發展狀態，團隊精神是必不可少的。在當今社會裡，企業分工越來越細，任何人都不可能獨立完成所有的工作，他所能實現的僅僅是企業整體目標的一小部分。因此，團隊精神日益成為企業的重要文化因素，它要求企業分工合理，將每個員工放在正確的位置上，使他能夠最大限度地發揮自己的才能，同時又輔以相應的機制，使所有員工形成整體，為實現企業的目標而奮鬥。哲學家威廉·詹姆士（William James）曾經說過，「如果你能夠使別人樂意和你合作，不論做任何事情，你都可以無往不勝。」所以，培養一支充滿團隊精神的高績效團隊，是企業管理者的管理目標之一。

　　有一家跨國大公司對外招三名高層管理人員，九名優秀應徵者經過初試、複試，從上百人中脫穎而出，闖進了由公司董事長親自把關的面試。

　　董事長看過這九個人的詳細資料和初試、複試成績後，相當滿意，但他又一時不能確定聘用哪三個人。於是，董事長出了最後一起題給他們九個人。董事長把這九個人隨機分成 A、B、C 三組，指定 A 組的三個人去調查男性服裝市場，B 組的三個人去調查女性服裝市場，C 組的三個人去調查老年服裝市場。董事長解釋說：「我們錄取的人是用來開發市場的，所以，你們必須對市場有敏銳的觀察力。讓你們調查這些行業，是想看看大家對一個新行業的適應能力。每個小組的成員務必全力以赴。」臨走的時候，董事長又補充道：「為避免大家盲目展開調查，我已經叫祕書準備了一份相關行業的資料，走的時候自己到祕書那裡去取。」

　　兩天以後，每個人都把自己的市場分析報告遞到了董事長那裡。董事長

看完後，站起身來，走向 C 組的三個人，分別與之一一握手，並祝賀道：「恭喜三位，你們已經被錄取了！」隨後，董事長看看大家疑惑的表情，哈哈一笑說：「請大家找出我叫祕書給你們的資料，互相看看。」

原來，每個人得到的資料都不一樣，A 組的三個人得到的分別是本市男性服裝市場過去、現在和將來的分析，其他兩組的也類似。董事長說：「C 組的人很聰明，互相借用了對方的資料，補齊了自己的分析報告。而 A、B 兩組的人卻分別行事，拋開隊友，自己做自己的，形成的市場分析報告自然不夠全面。其實我出一個題目，主要目的是要考察一下大家的團隊合作意識，看看大家是否善於在工作中合作。要知道，團隊合作精神才是現代企業成功的保障！」

看來，越來越多的企業在招募人才時把團隊精神作為一項重要的指標，那麼，到底什麼是團隊精神？

團隊精神有兩層含義，一是與別人溝通、交流的能力；二是與人合作的能力。員工個人的工作能力和團隊精神對企業而言是同等重要的，如個人工作能力是推動企業發展的縱向動力，團隊精神則是橫向動力。

一個公司總裁說了一段精闢的話：「我們每個人都是社會的人，有合群的需要。我們同是公司的員工，從加入公司的那一刻起，我們就是這個團體的一分子。每個人的一言一行代表的是公司這個團體，也影響著公司這個團體。如果一位員工缺少團結合作的精神，即使能在短時間內不會給集團造成危害，也不可能為集團帶來長遠利益。如果一位員工脫離團隊，不能採取合作的態度做一件工作，那麼團隊工作就會受到影響，團隊效率就會降低。只有以團隊目標為個人目標，以團隊利益為個人利益，維護團隊榮譽，這樣的個體才能受到大家的尊重。集團希望每一個人都能以優秀的合作精神和良好

的道德形象來提升公司的凝聚力及外在形象，與公司同進退、共榮辱。」總裁把團隊精神詮釋得非常完美，正因為集團重視和致力於培養員工的團隊精神，所以集團也發展得越來越快。

隨著市場競爭的日益激烈，企業更加強調團隊精神，建立群體共識，以達到更高的工作效率。特別是遇到大型專案時，管理者想憑藉一己之力去取得卓越的成果，可能非常困難。管理者應該意識到，單打獨鬥的時代已經結束了，取而代之的是團隊合作。管理者雖然位高權重，擁有領導大權，但是如果缺少了一批心手相連、智勇雙全的跟隨者，還是很難成就大事的。任何的組織，不管他們是一支球隊、樂團或是公司內的任何部門，現在需要的不僅是一位好的管理人員，更需要的是一位能投注於團隊發展的真正管理者。

日本太平洋水泥公司原來只是一家家庭小廠，利潤不高，知名度較低。員工也不積極，工作隨隨便便，拖拖拉拉，公司的生產率極低。新任總經理決心振興企業，讓太平洋水泥公司來個天翻地覆的大變化。新任總經理認為，企業振興的關鍵在於員工積極肯做事。由於人才一般不願到這家利潤不高、吸引力不大的公司工作，所以，總經理決心設法讓現有員工卯足幹勁，與他們齊心協力，讓太平洋水泥公司以嶄新的面貌引起世人的關注。

總經理和員工一起共同制定未來的發展計畫和現在的整頓措施。對新進員工採取了特殊辦法，讓他們住上 4 ～ 5 天的集體宿舍，並讓指導員和他們生活在一起，共同用餐。這有利於新員了解公司的各種情況和存在的問題，從而使新員工堅定信心，決心和老員工一起為振興公司而共同奮鬥。

總經理的做法使普通員工產生了夥伴感和團結感，大家開始有了共同目標：為振興太平洋水泥公司而奮鬥。太平洋水泥公司也依靠自己員工的力量走上了振興之路。兩年之後，該公司就以優質價廉的產品占領了市場。現

在，它的產品遠銷世界各地，深受用戶歡迎。

一個組織的榮辱成敗，絕大部分取決於團隊合作的程度。《淮南子‧兵略訓》中有一句講述團結的話：「千人同心，則得千人力；萬人異心，則無一人之用。」可見，同心同德對一個團隊的重要性。有鑑於此，做一個跟得上時代的卓越管理者，實在有必要花些時間和精力，做好建立團隊和復甦團隊的工作。那麼如何才能握好手中的指揮棒呢？

在此，給出以下幾點建議：

管理者要以身作則：管理者是整個團隊的成員，也是一個不可缺少的角色，其行為就是整個團隊的旗幟，管理者的一言一行會直接影響團隊中每個成員的思維，我們可以想像，一個自私自利、唯利是圖的管理者去要求下屬具有團隊意識是很難奏效的。「正己」方能「正人」，所以，管理者在團隊中要以身作則，嚴於律己，以自身的系列言行對規章制度、紀律的執行，逐步建立起領導的威信，從而保證管理中組織、指揮的有效性。員工也會自覺地按照企業的行為規範要求自己，形成團隊良好的風氣和氛圍。

制定有效的目標：目標是一盞明燈，它可以帶領大家朝著共同的方向去努力、打拚。打造團隊精神，管理者必須建立明確的目標並對目標進行分解，透過組織討論、學習，使每一個部門、每一個人都知道本部門或自己所應承擔的責任、應該努力的方向，這是團隊形成合力的前提。有明確有效的目標，管理者方能帶領團隊朝著共同的方向前進。

增強凝聚力：團隊凝聚力是無形的精神力量，是將一個團隊的成員緊密地連繫在一起的無形紐帶。團隊的凝聚力來自於團隊成員自覺的內心動力，來自於共同的價值觀，是團隊精神的最高展現。管理者要培養員工的群體意識，員工在長期的實踐中形成的信仰、動機、興趣等文化心理來溝通員工的

思想，引導員工產生共同的使命感、歸屬感和認同感，強化團隊精神，產生強大的凝聚力。

　　建立有效的溝通機制：在日常工作中要保持團隊精神與凝聚力，溝通是一個重要環節，暢通的溝通管道、頻繁的資訊交流，使團隊的每個成員間不會有壓抑的感覺，工作就容易有好的成效，目標就能順利實現。

引入競爭，保持組織活力

　　挪威人愛吃沙丁魚，他們在海上捕得沙丁魚後，如果能讓魚活著抵港，賣價就會比死魚高好幾倍。但是，由於沙丁魚生性懶惰，不愛遊動，返航的路程又很長，因此捕撈到的沙丁魚多數都是沒回到碼頭就死了，即使有些活的，也是奄奄一息。只有一位漁民每次捕捉的沙丁魚總是活的，而且很生猛，他也因此賺的錢比較多。後來，人們發現了這個祕密，原來是他在魚槽裡多放了幾條鯰魚。原來當鯰魚裝入魚槽後，由於環境陌生，就會四處遊動，而沙丁魚發現這一異己分子後，也會緊張起來，加速遊動，如此一來，沙丁魚便活著回到港口。漁夫的這種做法後來被管理者們歸納變成「鯰魚效應」，並將其作為一種競爭機制而引入了人力資源管理中。

　　在企業中，一個團隊的人員如果長期固定不變，就會缺乏新鮮感和活力，容易養成惰性，缺乏競爭力。很多員工正是抱著「做一天和尚撞一天鐘」的想法來享受安定，以至於不思進取。在今天這種高速發展的社會，不論團隊還是個人都是逆水行舟，不進則退。如果企業管理者想激勵所有員工時刻保持充足的活力，時刻以百倍的熱情投入工作，就應該學會利用「鯰魚效應」，積極為企業引進一流人才，引入競爭。

人人都有不甘人後、以落後為恥的心態，而競爭恰恰可以使人們在成績上拉開距離，從而激發人的創造性，激勵人的上進心。如果一個人要是在一個與世無爭、沒有壓力環境中生存，那麼他的潛力很大程度上都將處於被壓抑的狀態。所以說，管理者在企業的內部引入競爭機制，讓員工保持一定的競爭壓力，就能夠激發員工的積極性和創造性。

在企業內部引入競爭機制，有利於活化人才，使團隊展現勃勃生機。管理者要善於從公司外部引入一流的人才，就像鯰魚啟動沙丁魚那樣啟動企業的員工。當員工知道競爭對象的存在時，就會激發他們強烈的競爭欲望，從而發揮自己的潛能。

日本本田公司總經理本田先生曾面臨一個難題：公司裡終日遊蕩，拖企業後腿的員工占員工總數的 20%。如果將這些人全部開除，一方面會受到工會方面的壓力；另一方面，又會使企業蒙受損失。其實。這些人也能完成工作，只是與公司的要求與發展相距遠一些，如果全部淘汰，這顯然行不通。

於是，本田先生找來了自己的得力助手、副總裁宮澤。宮澤先生認為，企業的活力根本上取決於企業全體員工的進取心和敬業精神，取決於全體員工的活力。公司必須想辦法使各級管理人員充滿活力，即讓他們有敬業精神和進取心。一個公司如果人員長期固定不變，就會缺乏新鮮感和活力，容易養成惰性，缺乏競爭力。只有外有壓力，存在競爭氣氛，員工才會有緊迫感，才能激發進取心，企業才有活力。這就如同鯰魚效應一樣。

本田先生認為宮澤說得很有道理，所以他決定從公司外部找一些外來的「鯰魚」加入公司的員工隊伍，製造一種緊張氣氛，發揮鯰魚效應。

於是，本田先生進行人事方面的改革，特別是銷售部經理的觀念離公司的精神相距太遠，而且他的守舊思想已經嚴重影響了他的下屬。必須找一條

「鯰魚」來，儘早打破銷售部只會維持現狀的沉悶氣氛，否則公司的發展將會受到嚴重影響。經過周密的計劃和努力，終於把松和公司銷售部副經理、年僅 35 歲的武太郎挖了過來。武太郎接任本田公司銷售部經理後，武太郎憑著自己豐富的市場行銷經驗和過人的學識，以及驚人的毅力和工作熱情，受到了銷售部全體員工的好評，員工的工作熱情被激發，活力大為增強。公司的銷售出現了轉機，月銷售額直線上升，公司在歐美及歐洲市場的知名度不斷提高。

本田先生對武太郎上任以來的工作非常滿意，這不僅在於他的工作表現，而且銷售部作為企業的龍頭部門帶動了其他部門經理人員的工作熱情和活力。本田深為自己有效地利用「鯰魚效應」的作用而得意。

從此，本田公司每年重點從外部「中途聘用」一些精幹利索、思維敏捷的 30 歲左右的生力軍，有時甚至聘請常務董事一級的「大鯰魚」，這樣一來，公司上下的「沙丁魚」都有了觸電的感覺。本田公司自從推行了鯰魚效應管理辦法以後，企業的產品品質和產量大大提高，銷售工作也大為見效，公司因此很快步入了大企業行列。

可見，如果企業管理者真正意識到人才激勵的重要性，並能積極引進一流人才，激發企業員工的活力，那麼企業內部員工的潛能將會被激發到最佳狀態。

其實，很多企業的管理者不是不知道「鯰魚效應」的作用，他們也想靠引進優秀人才來激勵員工，但是他們在這方面做得很不好，很多地方都不知道到底該如何做：他們不知道是否應該引進人才，應該在什麼時候引進人才，應該引進什麼樣的人才，以至於將優秀人才引進公司後，反而激發了內部員工的矛盾，或者是對員工沒有產生明顯的激勵作用。這些都是對「鯰魚效應」

沒有徹底理解而引發的。

因此，企業管理者在運用「鯰魚效應」時，還要看好形勢、掌握好分寸。一方面要思考自己的企業是否真正需要「鯰魚」，一方面要判斷引進什麼樣的「鯰魚」才能真正發揮作用。一定要看實際效果，即是否可以引進「鯰魚」將企業內部的「沙丁魚」啟動。如果引進不當，眼光「見外不見內」，不僅沒有作用，還可能導致本可進取的優秀員工流失。

讓員工參與決策和管理

在現代社會中，企業管理者管理工作的最佳展現，就是能夠讓每個員工像關心自己的事情一樣關心公司的事情。這就要求管理者要善於運用員工的智慧，讓企業員工參與管理，使他們每一個人都成為決策者。

美國阿肯色大學教授瑞珀特在美國的物流公司進行了一次調查活動，該公司的所有的全職員工都參與了調查。

瑞珀特教授將調查結果分成兩組，分別被稱作參與組和限制組。參與組的特點是策略遠景清晰，在制定策略時員工參與度高，策略被員工高度認同等，而限制性組的特點是策略遠景不明確，策略制定的參與度低，策略缺乏認同等。

調查結果表明：工作滿意度和組織參與度與企業的參與性文化密切相關，參與程度高的那一組顯示，對策略的認同性是工作滿意度的最重要因素，而對策略的參與性是組織參與度的最重要因素。

在這項調查中，瑞珀特教授得出一個結論：企業只有為員工提供明晰的策略願景，加強員工對策略的認同，增強員工參與設計不同階段的策略流程

的意識，企業才能從中受益。

由此可見，只有當員工參與了公司的決策和管理之後，才能對企業產生認同感和高滿意度，才能最大限度地激發自己的工作熱情。

員工參與是達成和諧的根本，當管理者讓員工在參與管理的過程中感受到受重視時，也是員工在發揮自己的力量為企業創造更大價值的時候。員工參與管理，才能實現企業和員工的共同進步、共同發展。

為了改善企業的經營管理，柯達（Kodak）公司創始人伊士曼很重視聽取員工的意見。他認為企業的許多設想和問題，都可以從員工的意見中得到反映或解答。為了收集員工的意見，他設立了建議箱，讓員工參與企業管理。這在美國企業界是一項創舉。企業裡任何人，不管是白領還是藍領，都可以把自己對企業某一環節或全面的企業管理的改進意見寫下來，投入建議箱。企業指定專職的經理負責處理這些建議。被採納的建議，如果可以替企業省錢，企業將提取頭兩年節省金額的 15% 作為獎金；如果可以促使新產品上市，獎金是第一年銷售額的 3%；如果未被採納，也會收到公司的書面解釋函。建議都被記入本人的考核表格，作為升遷的依據之一。

事實證明，成功的管理者都非常重視「員工參與管理」。他們認真聽取員工對工作的看法，積極採納員工提出的合理化建議。員工參與管理會使工作計畫和目標更加趨於合理，並增強了員工工作的積極性，提高了工作效率。

員工參與管理是員工參與文化的一種，是民主管理的一種特殊形式。理查·巴雷特（Richard Barrett）曾提到：「未能建立員工參與文化的企業在 21 世紀將面臨巨大的生存壓力」，此論點強調了員工參與管理在企業管理中的重要地位，強調了管理者需將民主管理和專業管理相結合，提高了員工的自由與創造力。員工參與管理作為企業的一種激勵措施，同時也是一種最經濟的

參與激勵方式。

奇異公司的前身是美國愛迪生電氣公司，創立於 1878 年。經過一百多年的努力，奇異公司現已發展成世界最大的電氣設備製造公司。生產的產品種類繁多，除了一般的電氣產品，如家電、X 光機等，還生產核反應爐、太空設備和導彈。

奇異公司在傑克上任為公司總裁後就成為了一家「沒有界限的公司」，「毫無保留地發表意見」成為奇異企業文化的重要內容。傑克推行了一項「全員決策制度」，讓那些平時沒有機會互相交流的員工與中層管理者一同出席公司決策討論會。這個制度對於大型企業來說，好像會造成效率低下，但在實際運行過程中卻恰恰相反，沒有出現問題，反而避免了公司內部的官僚作風，大大地提高了工作效率。

奇異公司還有一種別出心裁的員工參與式管理方法，這就是「一日廠長」制。每一位員工都要寫一份「施政報告」，自 1983 年起，每週星期三就由普通員工輪流當一天廠長。在這一天裡，「一日廠長」和真正的廠長工作內容是相同的，9：00 上班，先聽取各部門主管匯報，對全廠的營運情況進行全面了解，然後陪同廠長巡視各個部門和廠房。在「一日廠長」的工作日記中，詳細記載其工作意見。而各部門、各廠房的主管都要依據這些意見隨時改進自己的工作，並須在幹部會上提交改進後的成果報告。各部門、員工提出的報告，先由「一日廠長」簽字批准再呈報廠長。「一日廠長」還可向廠長提出自己的意見作為廠長決策的參考。這樣的管理制度為奇異公司帶來了顯著的成效，大大節約了生產成本。

員工參與管理是企業文化優良與否的重要指標之一。許多企業對基層員工強調的只是執行，而忽視員工的創新能力，忽視員工參與管理的作用，這

明顯抑制了企業的活力。改善提案能有效讓員工參與管理，讓員工成為改善的主體，因為一線的員工比上級領導更貼近實際，數雙眼睛比一雙眼睛更能發現問題。

1970 到 1990 年代，日本汽車大舉打入美國市場，勢如破竹。1978~1982 年，福特汽車銷量每年下降 47%。1980 年出現了 34 年來第一次虧損，這也是當年美國企業史上最大的虧損。面對這一壓力，福特公司卻在 5 年內扭轉了局勢。原因是從 1982 年開始，福特公司實行了全員參與生產與決策的行動。公司賦予了員工參與決策的權力，縮小了員工與管理者的距離，員工的獨立性和自主性得到了尊重和發揮，工作也更積極。

管理者虛心聽取工人們的意見，並積極耐心地著手解決實際存在的問題。還和工會主席一起制定了一項《員工參與計畫》，在各廠房成立由工人組成的「解決問題小組」。員工有了發言權，不但解決了他們生活方面的問題，更重要的是積極推動工廠整個生產工作。蘭吉爾載重汽車投產前，公司打破了「工人只能按圖施工」的常規，把設計方案擺出來，請工人們「品頭論足」，提出意見。工人們積極參與，共提出各種合理化建議達 749 條，經研究，採納了其中 542 條，其中有兩條意見的效果非常顯著。在以前裝配車架和車身時，工人得站在一個槽溝裡，手拿沉重的扳手，仰著頭把螺栓。由於工作十分吃力，因而往往做得馬馬虎虎，影響了汽車品質，工人格萊姆提議：把螺母先裝在車架上，讓工人站在地上就能擰螺母。這個建議被採納，既減輕了勞動強度，又使品質和效率大為提高。另一位工人建議，在把車身放到底盤上去時，可使裝配線先暫停片刻，這樣既可以使車身和底盤兩部分的工作容易做好，又能避免發生意外傷害。此建議被採納後果然達到了預期效果。為了把《員工參與計畫》擴散開來。福特汽車公司還經常組織由工人

和管理人員組成的代表團到世界各地的合作工廠訪問並分享經驗。這充分展現了員工參與決策的重要性。

讓員工參與決策，參與企業規則的制定，才能讓員工感受到自己是一個重要的人，自己所要遵守的是自己參與制定的規則，這樣員工在工作中就會自動地維護企業的規則，而不是去破壞。而且，在執行決策過程中，因為已經對決策有了深刻的了解，就能夠最大限度地節省資源，避免浪費，高效地執行。對於管理者來說，不但得到了最具實用性的資訊，而且不必花費什麼的精力就能夠和員工之間建立起更融洽的關係。所以，讓員工參與到企業管理中，是達成企業和諧的根本所在。

促進團隊合作，發揮整體優勢

世界上各種事物，從不同的角度看，各有所長，又各有其短，唯有互相取長補短，才會相得益彰，各顯千秋。

有一個小故事：

一個瞎子和一個瘸子過獨木橋，當他們一起都到橋邊的時候，瘸子就說：「你我單獨過這獨木橋有很大的困難……你的腳是好的，我的眼睛是好的，不如你背著我，我在上面指路，你就照我的意思走，行嗎？」瞎子說：「好！」結果，兩個人很順利地渡過了獨木橋。

這個故事，給我們一個深刻的啟示：優勢互補。瞎子的優勢是腳，瘸子的優勢是眼睛，將瞎子的腳的優勢和瘸子的眼睛的優勢有效地組合在一起，便彌補了瞎子的眼睛的劣勢和瘸子的腳的劣勢，劣勢便變成了優勢，成為一個新的優勢形象。

第八章 合作共贏，團結處事—贏得他人的擁護與合作

在團隊合作中，優勢互補應該成為一條重要的原則。管理者要注意團隊成員之間的配合、互補和相互取長補短，使其達到絕對的默契。正如一位老闆對員工們告誡的那樣：「這個世界是瞎子背著瘸子共同前進的時代！」

尺有所短，寸有所長。我們知道，企業裡的每一位員工都有他們各自的優勢，不可否認，他們也都有著各自的劣勢。正如一個人不可能是一個完人一樣，他們的優勢也不可能是完美的優勢。因而，在團隊中，管理者要有效地進行互補，以便使優勢強化，使劣勢削弱甚至消除，提高工作績效。

有一次，A隊和B隊比賽攀岩。A隊強調的是齊心協力，注意安全，共同完成任務。B隊在一旁，沒有做太多的士氣鼓動，而是一直在計劃著什麼。比賽開始了，A隊在全過程中幾處碰到險情，儘管大家齊心協力，排除險情，完成了任務，但因時間拉長最後輸給了B隊。那麼B隊在比賽前計劃什麼呢？原來他們把隊員個人的優勢和劣勢進行了精心的組合：第一個動作機靈的小個子隊員，第二個是一位高個子隊員，女孩和身體龐大的隊員放在中間，墊後的當然是具有獨立攀岩實力的隊員。於是，他們幾乎沒有險情地迅速地完成了任務。

優勢互補的要義，在於合理地取長補短，變劣勢為優勢，發揮團隊整體的力量。在相互配合合作方面，管理者要考慮員工的互補性，用最佳組合方式，就能很快實現團隊目標。

曾有位博士頗有感慨地對朋友說：「在這個競爭的社會裡，什麼人都不能忽視。」的確，在一個大團體裡，做好一項工作，占主導地位的往往不是一個人的能力，關鍵是各成員間的團結合作配合。每個人的知識、能力水準都是不同的，作為管理者，就要對人力的結構性配備與用人之長等方面去考慮、盡可能發揮每個員工的專長和潛力。

　　二戰時期，美軍司令部是一個由艾森豪、巴頓、布萊德雷等人組成的優秀團隊，他們性情各異，個性鮮明，但又和諧互補，相互取長補短，從而成為了一支所向披靡的聯合艦隊。

　　艾森豪注重大局、運籌帷幄、富有遠見，性格又和藹可親，是一位第一流的協調者，但卻缺乏具體執行的能力。巴頓性情暴躁、雷厲風行、愛出風頭，這種個性非常適合領導作戰和進攻部隊，他是一個戰爭天才，隨時準備去冒險，他以率領坦克軍大膽突進，攻城掠地而聞名。他生動活潑的個性能夠感染士兵們。但他卻個性極強，常常憑藉自己的意願辦事。如果只是艾森豪與巴頓組合，那麼，局勢就會因巴頓的個性而失去控制。於是，布萊德雷加入到了這個組合之中。布萊德雷性格沉著穩重、愛護部下、注重小節，雖然在戰爭中缺少創意，但卻能堅決貫徹上級的命令。當諾曼第登陸最初階段的地面部隊指揮權問題提出來的時候，馬歇爾對約翰將軍說：「巴頓當然是領導這次登陸戰役的最理想人選，但是他過於急躁。需要有一個能夠制約他的人來限制他的速度，因為熾烈的熱情和旺盛的精力會使他追求冒險。他上面總要有一個人管著，這就是我把指揮權交給布萊德雷的原因。」

　　這個事例要說明的是，首先，在一個團隊中存在不同的分工，群體中的每一個成員的工作職能不同，對於性格、能力也存在不同的要求。其次，有的工作往往需要幾種不同類型的人協同完成，才能取得高效率。這就需要在配備人員的時候適當考慮性格、氣質、能力的相輔和互補性。在一個團隊中，按照個人的個性特徵適當地進行人事編排，使不同個性成員相互合作，發揮彼此性格的互補、相輔作用，將有利於工作任務的完成和工作效率的提高。人員配置注意性格的相輔和互補性，還有利於協調群體的人際關係、和諧群體的社會心理氣氛

管理是一種對資源的投入或資源的利用，以取得最佳管理效果的活動。在管理活動當中，所涉及的資源有時間、空間、財力、物力、人力、資訊等。其中最重要的是人力。這種把人作為一種資源來進行管理的觀點，對現代企業管理提出了新的要求。

在組織機構中的人，作為一種管理資源總是有限的，所以，將組織中有限的人力資源合理安排，最佳化人力組合則是管理者提高團隊戰鬥力的重要工作。

最佳化人力組合，最基本的就是處理好組織內部的相容性與互補性。管理者要善於根據組織目標、工作要求以及人員特點，從以下三個方面尋求人員最佳組合：

實現最佳知識、技能組合：即組織成員之間在知識、技能上揚長避短，科學互補。在組織基層，主要展現為不同技術工種與專長的合理配置。

實現最佳年齡組合：即組織中的各成員的年齡實現合理搭配。合理的年齡結構應是老、中、青結合的梯形結構。

實現最佳氣質、性格組合：群體成員之間在氣質、性格上的與互補，人們通常把人的性格劃分為內向型和外向型兩種，也有人把人的性格劃分為理智型、意志型和情緒型三種。

總之，人力資源是企業生存的根本，管理控制適宜，就能夠促進企業的發展。怎樣最佳化組合人力資源，發揮人力資源的巨大優勢，並能夠吸引人才，不斷發展壯大企業的人力資源，是管理者經常思考的問題。

建立遠景目標，激勵員工追求卓越

　　燈塔是是一種固定的航標，用以引導船舶航行或指示危險區。在大海裡行駛的船隻離不開燈塔的指引，沒有燈塔，就會迷失方向。這就是燈塔效應，將這一效應應用於企業的管理中也是適用的。

　　如果把企業比作是大海裡行駛的船舶，那麼企業的遠景目標便是燈塔，只有明確方向，企業這艘航船才能找到正確的航線，駛往目的地。

　　半個多世紀前，管理大師杜拉克（Peter Ferdinand Drucker）就指出了管理的五大基礎之一是制定目標。他認為：管理者要完成的任務必須來源於公司的目標。所有組織都會因目標和獲取目標成果的方式不同而有所不同。沒有遠景目標，企業就不會有長久的市場競爭力。

　　縱觀百年成功企業，雖有很多成功因素，但它們都必不可少的存在著企業上下普遍認同的遠景目標激勵著全體員工。企業能長期生存發展，就象徵著業主及其企業員工事業的成功，只有在共同遠景目標的激勵下，企業員工才能上下精誠團結，競爭能力、抗風險能力才能提高。

　　遠景目標是企業永遠為之奮鬥並希望達到的圖景，它是企業哲學中最核心的內容。它就像燈塔一樣，始終為企業指明前進的方向，是企業的靈魂。

　　我們都知道，「永遠做飲料世界的第一」是可口可樂公司的遠景目標，也是每一個可口可樂員工共有的夢想和願望。正是由於這一夢想，所以在他們身上，你可以強烈感受到作為可口可樂員工的自豪感，以及要做得比百事可樂更好的強烈欲望和勇氣。

　　由此可見，企業遠景目標一旦為全體員工所認同，就會成為激勵大家為之奮鬥的精神動力。

企業遠景目標可以喚起人們的一種希望，具有強大的驅動力。在追求遠景目標的過程中，人們會激發出巨大的勇氣，去做任何為實現目標所必須做的事情。它不是抽象的東西，而是具體的，它能夠激勵企業的所有成員在工作上達成共識，共同為企業的事業和使命而奮鬥。

任何一個企業，如果沒有一個成長的願望，沒有一個目標，不知道應該做什麼，那它的資源可能就會非常的分散，人心也就不能往一個地方想，這個時候企業就很難辦。有了目標，就有了明確的終點線，因此，公司清楚地知道自己的目標是否已經實現，員工們也會清醒地向著終點線衝刺。

1980 年代中期，在幾乎所有小型電腦產業都投向 IBM 個人電腦陣營之際，蘋果電腦堅持它的遠景目標：設計一部更適合人們操作的電腦、一部讓人們可以自由思考的電腦。在發展過程中，蘋果電腦不僅放棄成為個人電腦主要製造廠商的機會，也放棄了一項他們領先進入的創新技術：可自行擴充的開放型電腦。這項策略後來證明是對的。蘋果公司最後所發展出來的麥金塔電腦，不僅容易使用，同時成為新的電腦工業標準，讓使用個人電腦成為一件快樂的事。

優秀的管理者常常藉機把遠景目標轉化為員工個人努力的方向。而遠景目標一旦被轉化為個人努力的方向，就會對員工產生影響，使其積極努力，迸發出無限的創造力。

如果沒有遠景目標，我們無法想像 AT & T、福特、蘋果電腦等公司是怎樣激勵全體員工的鬥志，從而建立起他們傲人的業績和成就的。這些由他們的領導人所創造的遠景目標分別是：裴爾想要完成費時五十多年才能達成的全球電話服務網路；亨利‧福特想要使一般人，不僅是有錢人，能擁有自己的汽車；傑伯斯、渥茲尼亞以及其他蘋果電腦的創業夥伴，則希望電腦能

讓個人更具力量。這些遠景目標被公司各個階層的人真誠地分享,並凝聚了這些人的能量,在極端不同的人之中建立了一體感。

正是這些企業創造了讓所有員工認同的遠景目標,才激勵自己的員工們去共同追求卓越。因此,企業管理者一定要建立自己的遠景目標,只有在清晰的遠景目標下,企業才能找到自己的路線。

賦予員工使命感

使命感是決定團隊行為取向和行為能力的關鍵因素,是一切行為的出發點。不論對於企業還是個人來說,使命感都是十分重要的。企業的使命感是企業活力的加壓器;員工的使命感是員工行為的驅動力。賦予員工使命感,就能使個體產生出奮發進取的力量和熱情。這樣,員工時時受到鼓舞,處處感到滿意,從而就會有極大的榮譽感和責任心,並自覺地為獲得新的、更大的成功而瞄準下一個目標。

希爾頓酒店(Hilton Hotels & Resorts)的使命是微笑服務,這種使命感使大家產生做事情的方向和動力。

希爾頓在第一次世界大戰期間赴歐作戰的經歷,使他深刻地認識到團隊精神對一個組織的重要性。當有人後來問他,為什麼要在旅館經營中引進團隊精神時,他回答道:「我是在當兵的時候學到的,團隊精神就是榮譽感和使命感。單靠薪水是不能提高店員熱情的。」不論是在創業階段與合夥人之間,還是在企業經營與員工之間,希爾頓總是坦誠相待,發揚團隊精神,把所有的人扭成一股繩。事實證明,這種精神對於希爾頓的事業非常重要。

當希爾頓的資產從幾千美元奇蹟般地增值到幾千萬美元時,他曾欣喜而

自豪地把這一成就告訴了母親。然而，母親卻淡然他說：「依我看，你跟從前根本沒有什麼兩樣，你必須把握更重要的東西：除了對顧客誠實之外，還要想辦法使來希爾頓旅館住過的人還想再來住，你要想出一種簡單、容易、不花本錢而行之久遠的辦法去吸引顧客，這樣你的旅館才有前途。」

母親的話讓希爾頓猛然醒悟，自己的旅店確實面臨著這樣的問題，那麼如何才能達到既簡單、容易，又不花錢且能行之久遠的辦法來吸引顧客呢？到底什麼東西才比公司的幾千萬美元更值錢呢？

希爾頓想了又想，始終沒有想到一個好的答案。於是，他每天都到商店和旅店裡參觀，以顧客的身分來感受一切，他終於得到了一個答案：微笑服務。只有微笑具有簡單、容易、不花本錢而行之久遠這四個要求，也只有微笑才能發揮如此大的影響力。

於是，希爾頓訂出他經營旅館的四大信條：微笑、信心、辛勤、眼光。他要求員工照此信條實踐，即使即使在旅店業務受到經濟蕭條的嚴重影響時，他也經常提醒員工記住：「萬萬不可把我們心裡的愁雲擺在臉上，無論旅館本身遭受的困難如何，希爾頓旅館服務員臉上的微笑永遠是屬於旅客的陽光。」因此，在經濟危機中紛紛倒閉後倖存的 20% 旅館中，只有希爾頓旅館服務員的臉上帶著微笑。結果，經濟蕭條剛過，希爾頓旅館就率先進入新的繁榮時期，跨入了黃金時代。

由此可見，企業必須賦予員工使命感，鼓舞企業員工去接納公司的概念，分享公司管理者的感受及態度，認同公司的方向，並且去執行。這樣員工就有可能在工作中更投入，更多地關心公司的成長。

社會學家馬斯洛（Abraham Harold Maslow）提出，人的需求從高到低分成生理、安全、愛與歸屬、尊重、自我實現。位於金字塔頂端的自我實

現需求即實現自我，發揮自己的所有潛能，而現在的優秀人才基本上都已走過前四個需求，來到了金字塔的頂端。管理學大師杜拉克同樣表示，想留住人才，必須給他們自己在從事重要的工作、實現自己使命的感覺。卓越的管理者總是能夠賦予員工使命感，把員工身上的各種潛質全部激發出來，並讓全體員工協同合作為企業而戰鬥。

第八章　合作共贏，團結處事—贏得他人的擁護與合作

第九章　力爭上游，進取處事 ——
掌握競爭的主動權

　　進取處事展現為一種對事業充滿熱情的精神狀態。管理者有進取之心，就會在繁重的工作及各種困難、矛盾面前，不氣餒，不退縮，不言敗，能夠以一種韌勁、衝勁、幹勁，頑強打拚，攻堅克難。進取之心是意志力的昇華，人生觀的結晶。一個有進取心的人必定是一個有責任心的人，只有對自己的工作負責，並且不斷地改進、完善自己的工作，我們才能夠與自己的工作共同進步。

讓業績證明你的能力

　　業績是一個企業的生命，也是檢驗管理人員個人能力的標準，沒有業績的管理者，無法為企業創造利潤，更不會有升遷的空間。

　　不管你在公司的地位如何，不管你的學歷如何，你想在公司裡成長、發展、實現自己的目標，你都需要用業績做保障。只要你能創造出業績，你就能得到老闆的器重，獲得升遷的機會。因為你創造的業績是公司發展的決定性條件。

　　鄭小明所在的公關部原定只有七人，注定有一人遲早被裁，加上部門經理位置一直空缺，如此便導致了內部鬥爭日益升級，發展到有人處心積慮搶奪別人的客戶。鄭小明不喜歡這樣的氛圍，他始終默默無聞，不願意做出頭鳥。儘管論學歷、論工作態度、論能力和口碑，他都不錯，但他在總裁面前的業績表現一直是最差的，把他當做無能的人也是必然。

　　人事部提前一個月下達的辭退通知發給了鄭小明，鄭小明好像當頭挨了一記悶棍一般，半天也沒回過神來。他實在有點不甘心，但同時也想明白了：沒有業績表現能力，是自己最大的缺點。

　　鄭小明決定奮力一搏，機會終於來了。一個和公司即將簽約的大客戶提出要到公司來看看。這家客戶是一家大型合資企業，一旦和這家大客戶簽下長期供貨合約，全公司至少半年內衣食無憂。來參觀的人中有幾個是日本人，並且還是這次簽約的決策人物，這是公司沒有想到的。見面時，因雙方語言溝通困難，場面顯得有些尷尬。就在公司總裁頗感為難之際，鄭小明不失時機地用熟練的日語同日本客人交談起來，為總裁救了場。鄭小明陪同客人參觀，相談甚歡。他憑藉自己良好的表達能力和溝通能力，豐富的談判技

巧和對業務的深入了解，終於順利地簽下了大單。

鄭小明適時地把自己的能力表現出來，讓總裁對他大加讚賞。他在總裁心目中的分量也悄悄發生了變化。一個月後，他不僅沒有被辭退，而且升為部門經理。

假如你在職場中屢屢遭受失敗的打擊，總是拿不到高薪或謀取好的職位，不妨靜心自省：我的業績是不是沒有達到最理想的狀態？假如答案是肯定的，那麼你就要努力把業績提升上去。因為一個人的工作業績最能證明他的工作能力，顯示他過人的魄力，展現他的個人價值；而且，績效考評的方式，業績的高低往往直接決定了他職位和薪水的高低。沒有能力改善公司業績或不能出色地完成份內工作的人，不但沒有資格要求企業給予獎勵，還將因自己的業績平平而面臨被淘汰的危險。

小剛大學畢業後，在一家企業做銷售，這家企業主要的產品就是自行生產的遙控車庫門，除了這家企業，所有生產遙控車庫門的企業的原材料和配件都是從國外進口，然後自己組裝。

小剛在面試的時候就給企業的老闆留下了深刻的印象，所以，給了他非常高的待遇，但是同時要求他要做到銷售第一。

這天，老闆把小剛叫到辦公室，給了他一份客戶資料並告訴他一定要在三天內把此單簽下來。公司先後已經有五位業務員找他談業務，但都被他拒絕了。小剛知道遇到難題了。

第二天，小剛來到了這家公司，見到了總經理。「你好，我是 XX 公司……」還沒有等他說完，對方就不耐煩地擺擺手說道：「去、去、去！我現在非常的忙！」表現得非常無理。

小剛非常生氣，自己一個大學畢業生憑什麼受到這樣無理的待遇？於是他扭頭就走。可是，隨後他又有些不甘心，他又站住了，轉過身，重新來到總經理的辦公桌前，對他說道：「請問經理，你的公司有沒有像我這樣的業務員呢？」

這位經理看都沒有看小剛一眼，說道：「你這樣的業務員都是不合格的業務員，我的公司當然沒有了，我的業務員都是非常厲害的。」

「那麼請問你為什麼不用我這樣的業務員呢？」小剛忽然覺得，我一定要把這個大客戶訂單拿到手，做銷售狀元。於是他繼續問道。

「因為你這樣的業務員是最無能的業務員，根本不能給我創造利潤，而且還要浪費我大量的時間和經歷，我當然不會用了。」他同樣回答著。

小剛聽到這位經理的話的時候，立刻有了銷售思路，他看著對自己不屑一顧的經理，彷彿自言道：「原來如此，如果我這樣回去了，就會被我的老闆炒掉，因為我的老闆會跟你一樣不喜歡我這樣沒有能力的業務員。」

小剛的話果然有了效果，那位經理開始抬頭看他，小剛於是藉機對他說道：「為了證明我是一位優秀的業務員，同時也是為了不被像你這樣的老闆把我炒掉，我們重新開始吧！」接下來，小剛和這位經理聊得非常開心，最後他和小剛簽訂了大額訂單。

小剛很快在公司裡得到升遷。

由此可見，如果你也想迅速在公司升遷，那麼唯一的辦法就是提升業績，直到成為第一。作為現代企業的一名員工，在工作過程中必須用自己的成績去證明自己的能力和價值，必須對企業的發展有貢獻，這樣你才能得到老闆的重用，在職場中一帆風順。

關鍵時刻要展現自己

工作中，如果你只是悶頭做事，至多給上司留下一個踏實肯做事的印象。要使自己的職業生涯不斷突破，這顯然遠遠不夠。取得老闆、上司的格外賞識，就要在關鍵時刻露一手，別人想不到的你想到了，別人做不成的事你完成了。尤其在上司焦頭爛額的事情上你能給他一個意外的驚喜，想不被往上拉都難。

王先生陪同總經理到東京洽談一個 300 萬美元的合作專案。已是深夜兩點，在可以遠眺整個皇宮的高樓大廈裡，雙方因為合作條件各不相讓，談判幾乎陷入僵局。

一陣長時間的沉默後，對方社長松尾說：「如果總經理您這次先到敝公司而不是先到仙臺的九州投資公司，我方就可以多做些讓步。但是現在只能說遺憾了，因為這關係到彼此信任關係。」說完松尾還咄咄逼人地看著他。

一向在談判桌上駕輕就熟的總經理一下子無言以對，意外「卡」了。

王先生沒向總經理請示便迅速地說：「這次訪日日程全部是我安排的，總經理根本沒有時間來過問這些小事。我決定先去仙臺唯一的原因是考慮到交通費用問題。也許社長還不太了解外匯核銷方面的事情，都有嚴格規定，交通費也不例外。一旦超支，核銷上就會有麻煩。仙臺在東京北邊，東京之行後我們還將往南去拜訪另外的客戶。路線只能由北往南走才不會出現交通費超支問題。如果行程也會影響談判的話，那麼讓我來道歉吧，總之跟總經理無關。」松尾先是呆呆地看了王先生一會，隨即站起來，深深地向總經理低下頭說：「錯怪了，請原諒。」事後，總經理對王先生說：「若不是你那番即興發言，也許我們的談判真會失敗，你這腦子怎會轉得那麼快，可真幫了我

的大忙。」談判結束後，王先生被升遷為公司的副總。

常言道，疾風知勁草，烈火煉真金。在一些關鍵的時刻，如上司遇到棘手的問題，其他同事也都束手無策，而你卻挺身而出，使問題迎刃而解。這樣，上司會對你另眼相看。因為上司覺得你能做其他人不能做的事，所以放心地將事情交給你做，而不用擔心事情會搞砸。

在關鍵時刻，領導者會真切地認識與了解下屬。人生難得的機遇，不要錯過表現自己的極好機會。當某項工作陷入困境之時，你若能大顯身手，定會讓領導者格外器重你。

曾國藩在與太平天國作戰時，有一天吃完晚餐後與他的幾位幕僚閒聊，縱論起當世的英雄豪傑。

他深有感觸地說：「彭玉麟和李鴻章乃蓋世之將才，吾不能及。」

一位幕僚忙說：「此言差矣。您與彭、李二大人各有所長，各領風騷也。」

另一位幕僚頷首抱拳道：「彭公威猛，故人不敢欺。」

又一位幕僚則撚須低眉說：「李公精敏，自然人不能欺。」

說到此處，其他幕僚頓時語塞，紛紛不知下文如何應對。發過言的幕僚同樣面面相覷。

曾國藩閉目沉吟：「但請諸位知無不言。」

眾人一時陷入尷尬。忽然，在一旁管理文墨、負責日常抄寫的一名後生，小步趨近曾國藩，躬身細語：「想我曾帥仁德，人不忍欺。」

此語一出，舉座之人無不齊聲鼓掌。曾國藩面頰泛紅，連稱：「言過其實，言過其實矣！」殊不知，曾國藩向來以「仁德」二字自詡，此言正中他

的下懷。

事後，曾國藩仍對那個說話的後生念念不忘，問其手下：「此為何人？」

手下人回答：「此人祖籍揚州，秀才出身，行事一向謹慎、多思、少言。」

曾國藩禁不住喟嘆：「此生有大才，不該埋沒。」

不久，曾國藩升任兩江總督，便委派那個後生任職權傾一方的揚州鹽運使，令他衣錦還鄉。這個人，就是後來「兩年四級跳」的兩湖總督陸徵明。

陸徵明只因一句妙語便得升遷的「發跡史」，可供世人為之深思並引為借鑑。

對關鍵時刻的把握是一個人能力的展現。有的人平時並不見得有什麼過人之處，但在一些領導非常關注的場合下，他卻表現得盡善盡美，受到領導者的讚賞，不能不說他高明。所以說，善於把握關鍵時刻表現自己，你就很容易得到賞識了。

人的才能需要表現。只有表現，才會為他人所知，知道的人多了，為你提供的機遇也就會多起來。有時，甚至會出現這樣的結局，在你的表現得到認可之時，就是機遇來臨之日。

某單位要推薦一人參加上級舉辦的演講大賽，但是不少人不敢報名，找藉口推辭。這時，有位貌不驚人的小夥子主動請纓，上司很欣賞這種精神，馬上應允。接受任務後，為了取得好成績，他下了很大的功夫寫講稿，並到處拜師，在短時間內他的演講程度大大提升。

在大賽中他得了第二名，從此知名度大開，並得到上司的好評。選擇工會幹部時，單位領導首先把他作為第一人選。

成功的機會不是等來的。一個有才幹的人能不能得到重用，很大程度上取決於他能否在適當場合展示自己的本領，讓他人認識。如果你身懷絕技，但藏而不露，他人就無法了解，到頭來也只能空懷壯志，懷才不遇了。所以，只有把才華顯現出來，使它成為自己身上的發光點，才會引起他人的關注和震驚。擁有才華又知道如何展示，必將擁有非凡的成就。如果展示的才幹立足於現實，那麼，效果就更驚人了。謀事在人，成事在天。上天賦予我們這樣的才華，就是鼓勵我們把它展示出來。這樣做需要技巧，要在關鍵的時候展現自己的才華。

創新，讓別人重視你

創新能力是管理人員必備的能力，也是時代對管理者職位的迫切要求。美國石油大亨約翰·洛克斐勒（John D. Rockefeller）說：「如果你要成功，你應該朝新的道路前進，不要踏上已被成功人士踩爛的道路。」我們可以套用一下這句話，如果一位管理者希望成功，就要主動創新，而不是跟在別人的後面。而一個優秀的組織或企業，也必然需要一批主動創新的管理者。

創新在企業發展過程中具有重大的意義。企業創新過程實際上是企業管理者創新思維的過程，即對一般的、常見的經營方式、經營思想在運用已知資訊的基礎上，經過思維創造出一種新穎、獨創、有突破性的經營策略和手段。當今時代，是變革的時代，這既展現為社會的變革，也展現為制度、技術的革新。在變革的陣陣波濤聲中，人們聽到了愈來愈激烈的呼喚——「創新、創新……」企業管理者，只有敢創新思維，才能不斷拓展企業發展的空間。

《浮華世界》（Vanity Fair）是美國一本老牌月刊，針對的是美國上層階

級的讀者。六、七十年代雜誌的內容已經落伍，讀者的興趣早已轉移到別的時尚雜誌，《浮華世界》陷入了危機之中。為了使《浮華世界》擺脫困境，雜誌社聘用了蒂娜·布朗擔任主編。當時在美國媒體界都一致認為：蒂娜·布朗是一個有創新意識的人。雜誌社將《浮華世界》的命運交到了蒂娜·布朗手中。

蒂娜·布朗出任《浮華世界》的主編後，意識到必須改變《浮華世界》的風格，推陳出新，才會重新贏得讀者，獲得市場。蒂娜·布朗認為創新是最重要的。在當時美國媒體界還沒有人做名人報導，於是她第一個開辦名人報導專欄，不管是當代的還是昨日的，只要是能引起讀者興趣的，她都會進行報導。從名人的事業到日常生活，從其生活點滴再到隱私，沒有她不敢介紹和報導的，而這恰恰是讀者最感興趣的。最大膽的一次壯舉是她把當時最著名的模特黛米·摩爾的裸照及其孕婦照搬上了雜誌的封面，可以說是在美國的媒體界扔下了一顆炸彈，引起的轟動無人能及，從而把名人新聞推向了一個新的頂點。《浮華世界》雜誌由此起死回生，成為當時最引人注目的一本雜誌，訂閱量成倍上升。

作為管理者要注重創新。創新能力，是管理者的綜合本領，是一種開拓人類認識新領域、開創人類認識新成果的思維活動能力。它要求管理者與時俱進、超越過時的陳規，善於因時制宜、知難而進、開拓創新。

工作中，你有沒有創新的能力，你能不能用創新給老闆創效益，這在很大程度上決定了你在公司的職位和你受尊敬的程度。當你在任何時候都能創新時，就會為公司、為自己創造意想不到的價值。

當今世界複雜多變，社會生活日新月異，創新成為新世紀的主題。企業管理者要適應這種現實，改變工作方法，轉變思維方式，不斷地拓展和創新，才能使企業充滿生機和活力。

第九章　力爭上游，進取處事——掌握競爭的主動權

J.Crew 是深受歐洲人喜愛的一種品牌服裝。開始的時候，這家公司主要經營廉價的四季服裝和簡單精緻的 T 恤，品種單一，服裝的款式也單調缺乏變化。所以產品銷量一直不盡人意，根本不能和其他品牌相比。新一任 CEO 艾蜜莉·伍茲上任後進行了一系列的改革創新，才使 J.Crew 脫穎而出，市占率逐年上升。

艾蜜莉接手公司之初，就對 J.Crew 進行款式設計上的創新。艾蜜莉注意到當時的婦女運動泳裝太笨拙沒有時尚感，並不是太受女性的歡迎，而熱愛游泳健身的女性卻越來越多。由此她敏銳地預測到泳裝市場尚大有潛力可挖。於是 J.Crew 公司在全美最先推出了比基尼，並成為第一家推出可以按照尺寸分開購買上下身泳裝的公司。比基尼的問世，為世界服飾領域帶來一股清新之風，可謂轟動一時。此外 J.Grew 還推出了喀什米爾織物，有適合不同季節穿著的款式，並有 15 種顏色可供選擇。這兩種服飾的問世，成為服裝領域的一次重大的變革。

在強手如林的服裝業，艾蜜莉一直致力於將公司的商品推向一個與眾不同的位置，其服裝從內衣到海灘裝、休閒裝、週末裝、工作服等可以說是無所不有，J.Crew 公司關注的是所有人的需求。

當市場進入了網際網路時代，J.Crew 看到了新的銷售途徑 —— 網路上銷售服裝，於是又開始最先在網路上進行服裝銷售。此舉給那些工作忙碌的人們提供了方便，並為 J.Crew 開拓出了一個新的銷售領域。J.Crew 的網路上銷售，具有良好的信譽，所以贏得了眾多的網路消費者。

堅持創新，不斷地推出新產品，這種經營理念使 J.Crew 始終在服裝業穩步而快速發展著。

市場環境瞬息萬變，企業也總是在適應不斷變化的市場需求中獲得提

升。這就要求每一個企業管理者，任何時候都不能安於現狀，而必須要積極主動地去創新，從各個方面提高自己、完善自己。創新是每一個企業不斷提升的動力，也是創立並保持競爭優勢的靈魂。只有不斷創新，才能在未來的發展道路上從容應對，領先一步。

管理者以立學為先

學習力是衡量管理者能力高低的真正標準。「此生也有涯，而知也無涯」，生命短暫，但學海無涯，學無止境。在茫茫的學海之中，管理者難免有知識盲點。消除盲點的唯一辦法就是不斷地學習。

這是美國東部一所大學期終考試的最後一天。在教學樓的臺階上，一群工程學高年級的學生擠做一團，正在討論幾分鐘後就要開始的考試，他們的臉上充滿了自信。這是他們參加畢業典禮和工作之前的最後一次測驗了。

一些人在談論他們現在已經找到的工作；另一些人則談論他們將會得到的工作。帶著經過 4 年的大學學習所獲得的自信，他們感覺自己已經準備好了，並且能夠征服整個世界。他們知道，這場即將到來的測驗將會很快結束，因為教授說過，他們可以帶他們想帶的任何書或筆記。要求只有一個，就是他們不能在測驗的時候交頭接耳。

他們興高采烈地衝進教室。教授把試卷分發下去。當學生們注意到只有 5 其申論題的問題時，臉上的笑容更加生動了。

3 個小時過去了，教授開始收試卷。學生們看起來不再自信了，他們的臉上是一種不安的表情。沒有一個人說話。教授手裡拿著試卷，面對著整個班級。

他俯視著眼前那一張張焦急的面孔，然後問道：「完成 5 題的有多少人？」沒有一隻手舉起來。「完成 4 題的有多少？」仍然沒有人舉手。「3 題？」學生們開始有些不安，在座位上扭來扭去。「那 1 題呢？」

但是整個教室仍然沉默。

「這正是我期望得到的結果。」教授說，「我只想給你們留下一個深刻的印象，即使你們已經完成了 4 年的工程學習，關於這項科目仍然有很多的東西你們還不知道。這些你們不能回答的問題是與每天的普通生活實踐相連繫的。」然後他微笑著補充道：「你們都會通過這個課程，但是記住 —— 即使你們現在已是大學畢業生了，你們的學習仍然還只是剛剛開始。」

由此可見，學無止境。無論在何時何地，每一個現代人都要不斷地學習。只有那些隨時充實自己，為自己奠定雄厚基礎的人才能在激烈競爭的環境生存下去。

隨著知識經濟的到來，技術發展日新月異，高科技產品換代迅速，為企業的經營和管理產生深遠的影響。為適應這一變化，作為企業的管理者，要做學習培訓的鼓吹者和實踐者，只有不斷學習、不斷提高自己，才能深入和了解當今國內乃至世界上本行業的最新情況和發展趨勢，只有這樣，才能保持策略性的遠見卓識和高品質的決策。

阿成是一家公司的普通管理人員，他喜歡充實自己，一有出差的機會，他總是隨身帶些讀物，如袖珍書本、函授學校的講義，在火車、飛機上閱讀。阿成善於利用一般人所浪費的零星的時間來追求自己的進步，結果，阿成的知識越來越豐富。阿成把從書本中學到的知識運用於管理工作中，有效地提高了自己的管理能力，如今，阿成已經是這家公司的總經理了。

　　社會競爭日趨劇烈，生活情形日益複雜，所以你必須具備充分的學識，接受充分的教育訓練，來應對社會生活的變化。如果你滿足現狀，不思進取，那麼，你就不能使自己的命運向更好的方向發展。在當今社會中，任何人都不能滿足現狀，只有勤奮努力，才能適應社會生活，實現職場目標。

　　不斷地學習是企業管理者成功必備的重要條件。只有不斷地學習，才能不斷地進步，只有不斷地進步，才能一步步接近成功。

　　時代不同，要求也不盡相同。過去一個人只要學會一技之長就可以終生享用，現在就不行了。今天還在應用的某項技術，明天可能就過時了。知識、技術更新換代的速度讓人應接不暇，要使自己能夠跟上時代發展的步伐，就要不斷地學習。只有不斷地學習，才能適應新環境，勝任新工作。

　　有一次，楊某代表公司去參加一家大型房地產企業的軟體系統招標。除了楊某所在的公司之外，其他幾家參與投標的 IT 企業都有著豐富的房地產軟體系統開發經驗。雖然楊某所在的公司沒有這方面的經驗，但在業界有良好的聲譽，所以招標方也邀請他們參加。

　　面對強勁的競爭對手與自身在這方面經驗不足的狀況，楊某的上司對公司能否中標幾乎不抱希望。但楊某卻認為自己的公司雖然沒有房地產軟體系統方面的直接設計經驗，但是在其他方面的技術優勢完全可以彌補這方面的不足。

　　從拿招標書到向客戶領導介紹專案設計構想有一個星期的時間，能否在客戶領導面前闡述清楚自己公司的優勢以及對項目運營的構想是中標的關鍵。抱著盡力打拚的信念，原先對房地產行業一無所知的楊某，找來了大量的行業資料仔細研讀，連續三天三夜惡補房地產方面的知識，他還根據招標方企業的發展情況與公司技術開發員仔細探討系統設計的一些創新構想與細

節問題。

一個星期下來，楊某整整瘦了一圈，但他心中卻對房地產行業有充分的了解。在面向客戶領導者的專案說明會上，楊某深入淺出地闡述了自己對系統運營的整體想法，他對項目把握所表現出來的專業性與高度深深折服了客戶，最後力克群雄，贏得了合約。

在入行一年後，由於業績傲人，楊某就由一名普通銷售人員升遷為大客戶銷售經理。在競爭激烈的銷售行業中，楊某正是憑著出色的學習能力，成功地跨越了許多知識的障礙，為客戶提供專業性的服務，贏得了客戶的認可。

在這個「知識經濟」時代，我們必須注重自己的學習能力，必須能夠勤於學習，並且終生學習，才能在競爭激烈的社會中立於不敗之地。

總之，學習能力是管理者最重要的能力。「立身以立學為先」，想立足就必須先學習。管理者只有具有強大的學習力，才能在管理工作中卓有成效。

虛心向同事請教和學習

古人云：「三人行，必有我師。」在職場上，同事是一群很有意思的人，他們與你非親非故，卻朝夕相處；既是合作夥伴，又是競爭對手。同時，他們更是我們的良師益友。做一個有心人，試試向同事「拜師」，學一門技藝，學工作風格，學生活態度，學愛好……

作為管理者，只有不斷提高自己才能引起老闆的重視，提高自己的好途徑就是從你身邊同事身上學習，學習專業知識，也學習做人道理。因為在工

作過程中，我們交往得最多的恐怕就是我們的同事。同事中，不論是老同事還是新同事，只要我們能夠發現，從他們的身上就一定可以找到他們具備而我們暫時還沒有具備的知識和技能，這些知識與技能對我們工作往往非常有用，可能會使自身的工作能力產生變化。由於工作中我們和同事朝夕相處，因此我們可以透過工作合作、業務交流、請教、閱讀同事的歷史工作資料等途徑去向同事學習。

每個人身上都有值得我們學習的地方，而且向同事學習對自己有很多便利和好處，例如，這種學習務實效率高。因為是自發地學習，目標明確，而且老師就在身邊，是最生動的榜樣，所以你所學到的東西絕對實用。你可以一邊學習一邊練習，達到事半功倍的學習效果。還可以改善與同事的關係。每個人都樂於與他人分享自己的經驗，每個人都是有奉獻精神的。你學習別人的長處，別人也可以學習你的長處，這個分享與互動的過程，會讓你和同事的關係更為融洽。

當然了要想從同事那裡學到真東西，還需要自己做一個有心人，要看到同事工作中的長處，努力彌補自己的不足，這樣才能使自己的工作能力得到提高。

李麗和蘇青是同一批受僱於一家大型超市的員工，開始大家都是一樣的，從最基層做起。可不久李麗就受到總經理的青睞，一再被拔擢，從領班直到部門經理。蘇青就像是被人遺忘了一般，還是停留在最初的職位。終於有一天蘇青忍無可忍，就向經理提出辭職，並痛說總經理不了解實際情況，自己辛勤工作卻得不到提拔，只提拔那些拍馬屁的人。

總經理耐心地聽說著，他了解她，工作吃苦，但好像缺了點什麼，缺多麼呢？三言兩語說不清楚，說清楚了她也不服呀？看來……他忽然有了

個主意。

「蘇青」，總經理說，「你現在就到市場，看看今天有賣什麼。」

蘇青就很快從市集回來說：「有個小農夫剛載來了一車玉米在賣。」

「這車玉米大約有多少袋，多少斤？」總經理問。

蘇青又跑出去，回來說有 10 袋。

「是什麼價格呢？」蘇青再次跑去。

總經理望著她跑得很累就說：「請你休息一下吧，看看李麗是怎樣做的。」說完，叫李麗來，說：「李麗，您馬上到市場去，看看今天有賣什麼。」

李麗很快從市場回來了，說有一個農夫在賣玉米有 10 袋，價格適中，品質很好，她還帶了幾個讓總經理看看。這個農夫過沒多久還將弄幾箱番茄來賣呢，根據她看價格還算公道，可以進一些貨。想到這種價格的番茄總經理大概會考慮進貨，所以她不僅帶回了幾個番茄作為樣品，而且還把那個農夫也帶來了，他現在就在外面等著回話呢？

總經理看著臉紅的蘇青，誠懇地說：「職位的申遷是要靠能力的。不過眼下，您還得學一段時間，看看別人是怎麼做的。」

我們需要有一雙善於發現別人優點的眼睛。其實，我們周圍的很多同事都是非常值得我們學習的。「三人行，必有我師焉。」把同事當成自己的一面鏡子，可以從同事那裡知道自己的淺薄和醜陋，還可以從同事那裡得到鞭策和鼓舞。

同事之間的互相學習可以找到自己的缺點，發現同事的優點，彌補自己的缺點；勤於學習他人的工作方法，虛心接受他人正確的意見，這是使自己在短時間內取得最大的進步祕訣。我們應該時刻帶著新的思維觀念，否定陳

舊的工作方法,大膽創新,從身邊做起,從手頭的小事做起,從而不斷提升自己的工作能力。你若能從同事身上吸取他們各自的優點,那麼你一定會成為一個十分了不起的人物。

做老闆得力的助手

眼界決定境界,思路決定出路。作為一名管理者,要處處為公司著想,與公司制定的長遠目標保持步調一致,全力以赴為公司創造財富。不要僅僅把眼光盯在自己的位置上,而要站在自己上司的位置上來考慮問題,當公司效益好,上司成功了,我們自然也就成功了。

在企業研發、生產和管理過程中,作為管理者的上級,如公司副總經理和總經理,他們往往比管理者承擔的管理責任更重、更大,需要解決的問題更複雜,因此,作為下屬的管理者,不僅要做好自己的份內工作,更要主動協助上司,幫助上司成功,如果上司成功了,就能為自己成功創造良好的外部環境和條件。

孫潛大學畢業不到兩年,被上司任命為一個區域市場的主管,說是主管,其實是沒有人願意去的偏僻市場。在這種情況下,孫潛不抱怨、不消極,憑著自己的一腔熱血和優異的能力,不僅銷售業績當年位居全公司第二名,而且他還歸納出一套行之有效的經銷商管理策略與方法。年底的大會上,他毫無保留地把自己辛苦整理出來的方法、技巧、管理系統與其他區域主管分享,還抽出專門時間到各地建立經銷商區域管理系統,並親自培訓各地的員工。在孫潛的努力之下,其他區域的銷售量和市占率節節上升,全公司的銷量大增,銷售部經理因業績顯著而受到公司嘉獎,而孫潛所主管的市場由於客觀消費環境所影響,反而下滑到第五名。

　　面對這種情況，有的人說孫潛太實在了，自己辛辛苦苦換來的成功經驗，轉眼就拱手送給別人，等於是幫了別人，害了自己。可是，沒有多久，銷售部副總缺位，銷售總經理提名年輕的孫潛擔任銷售部副總經理。在宣讀公司的任命時，銷售經理說：「比孫潛有經驗甚至有能力的人也有，比孫潛銷售業績好的人更多。但是，為什麼公司偏偏提拔了孫潛，就是因為他能站在公司和上司的立場去考慮問題，說白了吧，他幫助我成功，所以，我也要幫助他成功！」臺下的人面面相覷。

　　獲得上司賞識和信任的最重要的一點就是幫助你的上司完成工作。上司的工作都是交由下屬來完成的，下屬完成的好壞決定了他的業績的好壞。下屬工作完成的好，說明上司領導的好，他可以在他的上司那裡獲得認可和肯定；完成的不好，則你的上司可能要在他的上司那裡受到批評。

　　在職場上，能否成功升遷，你的主管和上司往往是重要的決定因素。要知道，上司的事情就是你的事情，你的主管和上司發展順利，你也跟著發展順利；如果他們失敗，你的前途同樣一片黯淡。所以說，幫上司，就是幫你自己。

　　幫助上司成功，這是企業管理者應銘記和躬行的價值觀，幫助上司成功，不僅是一種謀略、智慧，更是一種胸襟。我們知道，決策的權杖在上司手中，他是最後做決策、並且要負責的人，所以決策必須能讓上司安心，也就是管理者作為企業的中堅力量去幫助讓上司甘願為這個決策負責。所以管理者應記住，你與上司是生命共同體，你需要獲得他的賞識，更需要你協助他達成績效。不要一直想著上司會失敗而不去幫助上司，在某種意義上講，成就了上司也等於成就了管理者本人。

　　許強畢業後進入一家企業做了老闆的司機。雖然老闆的教育程度並不

高，但是卻非常能幹，把公司的各項工作管理的非常好，公司發展的非常不錯，許強也工作的很盡心。所謂做一行愛一行，許強雖然只是一個司機，但是他卻是老闆的得力助手，每天幫老闆把路上生活安排得非常好，安全、快速、舒適的把老闆送到達目的地。

一次，老闆應一大客戶的邀情洽談生意到一家韓國餐廳。可是，許強並沒有直接到應邀地點，而是把車停在了一家百貨商場門前。正在老闆詫異的時候，許強說：「要去的那家韓國餐廳很可能是需要脫鞋的，您先等一下。」沒多久，許強就拿著一雙黑色棉襪回來了。原來，許強在聽到老闆說要去韓國餐廳的時候，就特地注意了老闆的襪子。果然，如他所料，節約的老闆還穿著很早以前的舊襪子，而且他也料到老闆可能不太懂得韓國的風俗。後來，老闆的生意談的非常成功，而這雙乾淨的黑襪子和許強一路上對韓國用餐規矩的介紹、講解也功不可沒。

比爾蓋茲曾說過：「微軟喜歡招納聰明的人，因為這些比我們更出色的人能幫助我們取得更大的成功」。上司並非全才，在工作中他會遇到許多難題。如果我們發現上司在工作中存在某一方面不足，然後去幫助，如提改進意見、建議等，這不僅有利於上級成功，更有利於自己成功。

喚醒員工的危機意識

伊索寓言裡有一則故事：

有一隻野豬對著樹幹磨牠的獠牙，一隻狐狸看到了，問牠：「為什麼不躺下來休息享樂，而且現在沒看見獵人？」。野豬回答說：「等到獵人和獵狗出現時再來磨牙就來不及啦！」。

第九章　力爭上游，進取處事—掌握競爭的主動權

野豬尚且知道在危險來臨之前做好準備，作為人來說，就更應該有危機意識了。我們常說：「有時常思無時」、「有備無患」都是指這個道理。仔細想想，你是否為自己的將來做過一些什麼準備？如果你什麼也不去做，只是一味地擔憂，那麼可悲的命運可能會降臨到你的頭上。相反，如果你一直在為自己今後的生活做準備，你就不會害怕了，因為你早已經準備好了應對的方法。

凡事有備才能無患。居安思危不是消極脆弱的態度，而是積極果敢的態度，是對生於憂患、死於安樂這種規律性現象的自覺。只要我們警鐘長鳴，保持居安思危的憂患意識，就能積極主動地化解或戰勝風險。對於企業來說，「居安思危」這種危機意識的培養其實質是在凝聚企業的內力，因為人的因素始終是企業最重要最活躍的因素。即使在企業最困難的時候，它也能凝聚員工的力量共度難關。

1990 年代初，波音公司產量大幅下降，公司昔日的輝煌已經漸漸遠去。為了走出經營低谷，波音公司自己拍攝製作了一部虛擬的電視新聞：在一個天色灰暗的日子，眾多的工人垂頭喪氣地拖著沉重的腳步，魚貫而出，離開了工作多年的飛機製造廠。廠房上面掛著一塊「廠房出售」的牌子，擴音器中傳出聲音：「今天是波音時代的終結，波音公司關閉了最後一個廠房……」

畫面反覆播放這則企業倒閉的電視新聞使員工們強烈地意識到市場競爭殘酷無情，市場經濟的大潮隨時都會吞噬掉企業，他們也隨時會有失業的危機。

波音公司用這個影片告誡員工們：如果本公司不進行徹底的變革，很快就會迎來末日。

波音公司推行了這個策略後，使公司的員工猶如遭遇熱水的青蛙，有了

真正的危機感，真切感受到「末日即將來臨」，激發了員工的憂患意識和不懈奮鬥的精神，波音公司才得以迅速復興。

可見，強化員工的危機意識，才能防患於未然，企業要想快速發展，就必須從思想上轉變。一個企業如果沒有危機意識，這個企業遲早要垮掉。全世界最成功的企業之一微軟總裁比爾蓋茲講，微軟離破產只有 180 天；這一切都不是危言聳聽，因為只有真正看到企業風險的才能生存下來，而且還不一定都能存在下去。那麼這些優秀而成功的企業管理者已經意識到危機存在，作為發展中的企業更應該看到危機的存在。如果連自己面對的危機都意識不到，那麼企業死亡就是遲早的事情了。

企業是否具有危機意識，關係著企業應對環境變化的行動力，亦維繫著組織的成長與創新。管理者要激發組織進行變革，就需善用機會傳達危機意識。當員工意識到危機的存在，這股意識才會彙集成團隊的共識，組織中會醞釀一股「我們一定要改變」的力量，催促組織進行變革。

古語云：「安而不忘危，治而不忘亂，存而不忘亡」。儘管這是治國安邦之策，可對於企業的管理同樣適用。日本著名企業家松下幸之助在總結其企業成功的經驗時，特別強調：長久不懈的危機意識是使企業立於不敗之地的基礎。

危機是客觀存在的，難於控制，而預防危機卻是可以把握的，是決策者完全可以掌控的。預防危機最有效的辦法就是強化員工的危機意識，並把它作為一種策略納入企業的發展規劃中。

在組織中，迫在眉睫的危機或親驗的問題很容易吸引員工的注意力，因此，企業管理者需要培養對組織內外變化的敏感度，能先偵測到危機的資訊，並將危機資訊傳達給團隊的成員，建立團隊的共識，啟動團隊變革動力

應對環境的變化。有人說要叫大象跳舞，最好的方式就是放一把火；相同的，要讓組織保持變革的活力與動力，點燃危機意識的火苗是必要的手段。

第十章　左右逢源，圓潤處事 ——
輕鬆贏得好人緣

　　做人複雜，做官更複雜。做人要懂得八面玲瓏，做官更要懂得籠絡人心。不論是被管理者還是管理者都是以做人做事為基礎的，建立良好的人際關係是自然的生存法則之一。作為管理者，如果沒有良好的人際關係，即使能混上或保住一官半職，也必然是人人側目，「人氣」極差。所以，管理者必須了解人際關係，把握人際關係，利用人際關係為你服務而使你永立不敗之地。處理好人際關係的問題，實際上就是解決了管理上很重要的問題。

與同事建立親密關係

假如以每個人每天工作 8 小時來計算的話，人們從參加工作到正式退休，差不多有 1/3 的時間都在跟同事相處。所以，同事關係對於一個人來講是最重要的人際關係。

同事是與自己一起工作的人，與同事相處得如何，直接關係到自己的工作、事業的進步與發展。如果同事之間關係融洽、和諧，人們就會感到心情愉快，有利於工作的順利進行，從而促進事業的發展；反之，同事關係緊張，相互拆臺，經常發生摩擦，就會影響正常的工作和生活，阻礙事業的正常發展。

謝金龍是一家公司的銷售人員。在公司遭遇退貨、瀕臨倒閉，公司領導者們急得團團轉而又束手無策時，謝金龍站了出來，提供了一份調查報告，找出了問題的癥結。此舉解決了公司的難題，還使公司賺了幾百萬。因工做出色，深受經理的重視，謝金龍成為全公司的一顆明星。憑著自己的智慧和膽略，他又為公司的產品打開國內市場立下了汗馬功勞。他兩年內為公司賺得幾千萬利潤，成為公司舉足輕重的風雲人物。

躊躇滿志的謝金龍，以為銷售主管一職非自己莫屬。然而，他卻沒有被升遷。本來公司領導者要提拔他為主管銷售的主任，但在提名時遭到人事部門的強烈反對，理由是各部門對他的負面意見太多，比如不懂人情世故、不善於和同事交往、驕傲自大……讓一個不懂人際關係的人進入公司的管理層是不適合的。

銷售部主管一職由他人擔任了，謝金龍只好拱手交出自己創造並培養成熟的國內市場。這就好比自己親手種下的果樹，結的果子被別人摘走一樣，

謝金龍非常痛苦和不解。他不明白公司為什麼會這樣對待自己。自己到底錯在哪裡？後來，還是一個同情他的朋友破解了他的迷惑：他的問題是忽視了身邊的同事。

有一次，他出去為公司辦理業務，需要匯款，在緊要關頭卻遲遲不見公司的匯票，使得業務活動泡湯，令他很難堪。實際上是一個出納員故意整他。因為，平時他對這個出納的態度目中無人，根本沒有把她放在眼裡。

還有一次他在外辦事，需要公司派人來協助，卻不料，人還在路上就被撤回去了，原來是一些資格較老的員工覺得他很狂妄、目中無人，在工作上從不與他們交流……所以想盡辦法拖他的後腿，讓他的工作無法進行。儘管謝金龍工作業績輝煌，但他忽視了人際關係的重要性。那些他不熟悉的、不放在眼裡的同事，在關鍵時刻壞了他的大事，阻礙了他在公司的發展和成功。在無可奈何的情況下，謝金龍只好傷心地離開了公司。

可見，同事之間的關係處理不好，會直接影響你的工作。一個人在職業上的發展和取得的成績，有賴於人際關係的累積與和諧，與同事和諧融洽地相處，可以讓一個人心無雜念地踏實工作，而這也必將成為一個人職場成功的因素之一。

王莉是一家肉類加工公司的主管。對他來說，同事們的支援至關重要。過去 20 年來，他是從生產線上開始，一步步升遷到高級管理層的。王莉以前經常代表大家與領班談判，解決紛爭，員工們都十分信任她。正是這種信賴，使得她屢屢升遷。公司管理層深知，憑藉她在員工中的威信，王莉完全可以當一名幹練的經理。

在工作中，與同事建立良好的人際關係，得到大家的認可與尊重，無疑對自己的生存和發展有著極大的幫助。良好的同事關係讓你和你周圍的同事

工作和生活都會變得更簡單，更有效率。

日常交往中，我們不妨注意把握以幾個方面，來建立融洽的同事關係。

1. 平等待人，不搞小圈子

同事當中，有在各方面條件都占有優勢的佼佼者，也有身處劣勢的平平者；有的人處世頭腦比較敏捷機靈，有的人則比較木訥呆板；甚至在人的長相上，也有容貌俊逸和其貌不揚之分。但無論同事的主、客觀條件孰優孰劣，你在與同事相處時，都一定要注意做到平等待人，尤其是在人格上要一視同仁。如果你在與同事相處中明顯地表現出趨炎附勢，甚至為了一己之利，勢利地搞小圈圈，那麼，你勢必會遭到其他同事的反感，甚至憎恨。

2. 求同存異，避免不必要的爭論

同事之間由於經歷、立場等方面的差異，對同一個問題，往往會產生不同的看法，引起一些爭論，一不小心就容易傷和氣。因此，與同事有意見分歧時，一是不要過分爭論。客觀上，人接受新觀點需要一個過程，主觀上往往還伴有「好面子」、「好爭強奪勝」心理，彼此之間誰也難服誰，此時如果過分爭論，就容易激化矛盾而影響團結；二是不要一味「以和為貴」。即使涉及到原則問題也不堅持、不爭論，而是隨波逐流，刻意掩蓋矛盾。面對問題，特別是在發生分歧時要努力尋找共同點，爭取求大同存小異。實在不能一致時，不妨冷處理，表明「我不能接受你們的觀點，我保留我的意見」，讓爭論淡化，又不失自己的立場。

3. 尊重你的同事

在人際交往中，自己待人的態度往往決定了別人對自己的態度，因此，

你若想獲取他人的好感和尊重,必須首先尊重他人。研究表明,每個人都有強烈的友愛和受尊敬的欲望。由此可知,愛面子的確是人們的一大共性。在工作上,如果你不小心,很可能在不經意間說出令同事尷尬的話,表面上他也許只是臉面上有些過意不去,但其心裡可能已受到嚴重的傷害,以後,對方也許就會因感到自尊受到了傷害而拒絕與你交往。

4. 同事之間要相互幫助

同事間只有互相團結、相互支持、互相幫助、相互尊重、親如一家,才能營造一個和諧的工作環境。我們經常能聽到這樣一句話:與人方便,與己方便。我們工作中如果沒有了關懷和愛心,同事之間就無法和睦相處。有時候,我們必須為他人的利益著想。如果只站在自己的角度而不顧別人,那麼你就可能受到排擠、攻擊。不給他人方便的人,自己也難有好的結果,不愛人等於不愛己。

總之,建立融洽的同事關係是一門重要的學問,管理者只有以團結友善的態度對待同事之間的關係,才能創造一個寬鬆的工作環境,提高工作效率,增強企業的凝聚力。

給同事面子就是給自己退路

所謂:人要臉,樹要皮。面子是一個人的尊嚴,很多人利益可以失去,但面子不能失去。面子問題是頭等大事,因此在人際關係中,管理者要學會為他人保留面子。

多年前,奇異公司面臨一項需要慎重處理的工作,免除查理斯的部門主管之職。查理斯在電器方面是一等的天才,但擔任計算部分主管卻是徹底的

失敗。然而，公司又不敢冒犯他，公司絕對解僱不了他，而他又十分敏感。於是，公司給了他一個新頭銜，讓他擔任「奇異公司顧問工程師」—— 工作還是和以前一樣，只是換了一個新頭銜 —— 並讓其他人擔任計算部門主管。

查理斯非常高興，通用公司的高級管理人員也很高興。他們已經溫和地調動了這位最暴躁的「大牌明星」職位，而且他們這樣做也沒有引起一場大風暴 —— 因為他們保全了他的面子。

在人際交往中，管理者要想與別人建立和諧的關係，就必須懂得為他人保留面子。人際關係是相互的，你希望別人怎樣對待你，你就應該怎樣對待別人。尊敬別人，給別人面子，其實也是給自己留下了餘地。

每個人都會有走不下去的時候，每個人都會遭遇尷尬，當別人爬不上來時，遞一把梯子給對方，那麼，你得到的不僅是自己的成功，更多的是別人的尊敬。一兩句體諒的話，對他人的態度做寬大的理解，這些都可以減少對別人的傷害，保住他人的面子。給別人遞把梯子，給別人留個臺階，幫助別人走過尷尬，對人是一種溫暖，對己是一種修養。

洛克斐勒是美國的石油大王，貝特福特既是他的合作助手，又是他的員工。

有一次，貝特福特獨自負責南美的一樁生意。但十分不幸的是，他因經營失誤而使公司在南美的投資損失近 40%，因此，貝特福特自言自語地說道：「我已經沒臉再見洛克斐勒了，在下次召開董事會的時候，他一定會不顧情面地將我狠狠罵一頓……」為此，他的心裡連續幾天忐忑不安。

害怕的時刻最終還是來臨了，公司的董事會如期召開。貝特福特硬著頭皮走進會議室，他已做好充分的准各來「迎接」洛克斐勒的批評。

洛克斐勒開始說道：「貝特福特先生……」刹那間，貝特福特感到十分緊張，毛骨悚然，他最擔心的事情還是要發生了。

「首先，我知道你曾在南美做了一件十分不成功的事情。但是……」令貝特福特感到出乎意料的是，他的語氣是那樣和藹可親，那樣慈祥暖和。

聽到這番話後，貝特福特倍感溫暖，曾經的憂鬱置於九霄雲外，他重新尋回了自信。在董事會上，洛克斐勒既沒有使貝特福特難堪，又為其保全了面子，因此，他對洛克斐勒充滿了無限感激。

事實上，無論你採取什麼樣的方式指出別人的錯誤，即使是一個藐視的眼神，一種不滿的腔調，一個不耐煩的手勢，都可能讓別人覺得沒面子，從而帶來難堪的後果。不要想著對方會同意你所指出的錯誤，因為你否定了他的智慧和判斷力，打擊了他的自尊心，同時還傷害了你們的感情，他非但不會改變自己的看法還會進行反擊。所以，在給別人指出錯誤的時候要委婉，講究方式，給別人留個面子，這樣會更容易讓別人接納。

給他人留面子是一種處事技巧，是人們在多年交往的經驗，給人面子就是給人一份厚禮。如果有朝一日你求他辦事，那麼他自然要「給回面子」，即使他感到為難或感到不是很願意，多少也會去做。這便是通曉人情世故的全部精義所在。只有顧及別人的面子到了，我們才能在職場中如魚得水地生存。

適時為上司背黑鍋

上司既然是人不是神，決策就會有失誤之時。即使一直正確，下屬中也可能出現反對聲音。這時，也許有些人會站在下屬一邊，與領導者對著幹，

這可就糟透了。這樣做無疑是掉進了升遷道路中難以自拔的陷阱。聰明的做法是，當領導與下屬發生矛盾時，你應該大膽地站出來為領導者解釋與協調，最終還是有益於大家利益的。但作為領導人，當最需要人支援的時候支援了他，也就自然視作為知己。

某公司經理方某由於辦事不力，受到集團公司總裁的指責，並扣了他們公司所有職員的獎金。這樣一來，大家很有怨氣，認為方經理辦事失當，造成的責任卻由大家來承擔，所以一時間怨氣衝天，方經理處境非常困難。

這時經理助理小普站出來對大家說：其實方經理在受到批評的時候還為大家據理力爭，要求集團總裁只處分他自己而不要扣大家的獎金。聽到這些，大家對方經理的氣消了一半，小普接著說，方經理從集團總裁那裡回來很難過，表示下月一定想辦法補回獎金，把大家的損失用別的方法補回來。小普又對大家講，其實這次失誤除方經理的責任外，我們大家也有責任。請大家體諒方經理的處境，齊心協力，把公司的業務重新弄上軌道。

小普的調解工作很成功。按說這並不是經理助理職權之內的事，但小普的做法卻使方經理如釋重負，心情豁然開朗。接著方經理又推出了自己的方案，進一步激發了大家的熱情，很快糾紛得到了圓滿的解決。小普在這個過程中的作用是不小的，方經理當然另眼有加。

在關鍵時刻，在你的上級是最需要的時刻，你能夠及時而勇敢地、得體而巧妙地站出來，為他解除尷尬、窘迫的局面，這往往會取得出人意料的效果：你會突然發現，原來比較一般的關係更加密切了；原來只是工作上的關係，增加了感情上的色彩；原來對你的評價一般，而現在一下子發現了你更多的優點，你原來的缺點也似乎得到了「重新解釋」。甚至你會發現，你的升遷之日已經指日可待了。

一般情況下，人都是自私的，對於倒楣的人，很多人都唯恐避之不及。但是俗話說，患難見真情。在這種情況下，為上級分憂解難的人，會得到上級的信任。

在某日用品公司廣告部任職的余小姐，直接管理她的是廣告部主任。主任雖然接近五十歲，卻是一個非常有活力的人，經常和年輕屬下打成一片。余小姐佩服主任的原因是：公司領導層在廣告方面的「主旋律」趨向於保守，而主任卻一直頂著壓力堅持銳意進取，前不久，公司開始新的一輪廣告戰，廣告的載體以公車車身為主，圖案是公司聘請的某香港歌星拍攝的。可是，當部分廣告樣印上公車車身後，歌星的頭部剛好在車窗位置，歌星的人和身子就被分隔了，遠遠看去非常難看。公司董事長對這次廣告非常不滿意，當著廣告部員工的面狠狠地罵了主任。

在同事們都在一邊旁觀時，余小姐挺身而出，主動承認廣告策劃是主任的意思，但是圖案的大小和排列是因為自己的疏忽。當她承諾會在最快的時間內交出新的廣告案時，董事長便沒有繼續斥責主任。剛才還灰頭土臉的主任挽回了一點顏面，對余小姐也是一臉感激。後來，主任獲得了升遷的機會，登上公司總經理的位置。主任離開後，馬上提拔余小姐坐上了廣告部主任的位置。

替你的上司背黑鍋，既顯得你通達人情，又能讓上司對你刮目相看，實在是一石二鳥。故事中的余小姐在上司最需要的時刻，挺身而上做上司的「擋箭牌」，為上司化解尷尬、窘迫的局面，上司自然會從內心接納她，並心存感激。如果你想讓上司感受到你的忠心，就不妨替上司代為受過，把責任承擔下來。一方面，上司會因為你的「忠心」之舉而心存感激，另一方面，他也會利用自己的有利地位來保護你，為你開脫，這樣，你便可用短期的損

263

失來獲得上司長久的信任。

協調好企業內部的人際關係

一個人要想在職場上有所發展，人脈至關重要。學歷或許能為你敲開職場之門，但是若要為長遠發展考慮，則需要一張良好的人脈網。在漫長的職業生涯中，你需要在與工作夥伴的交流中保持持久的動力。

關係的重要性，怎樣強調都不過分。假如我們把人際關係比作大腦的神經網路，那麼其中的每個人就是一個神經元：突起的越多，與周邊的連繫就越多，也就比別人更加靈敏，從而就更容易走向成功。所以，對於一個企業的管理者來說，協調好人際關係是非常重要的。

曾經擔任美國總統的羅斯福說過：「成功的第一要素就是懂得如何處理好人際關係。」事實也是這樣的，在美國曾有人向 2000 多位雇主做過一個問卷調查：「請查閱貴公司最近解僱的三名員工的資料，然後問：為什麼解僱他們？」。無論是什麼地區、何種行業的雇主，2／3 的回答結果都是：因為他們和同事關係不好。

當然，許多成功的管理者就深深地意識到了關係資源對其事業成功的重要性。曾任美國某大鐵路公司總裁的史密斯說：「鐵路的 95% 是人，5% 是鐵。」成功學大師卡內基經過長期研究得出結論說：「專業知識在一個人成功中的作用只占 30%，而其餘的 70% 則取決於人際關係。」因此說，無論你從事何種職業，如果把人際關係處理好了，就等於在成功的路上走了 70% 的路程，在個人幸福的路上走了 99% 的路程。難怪美國石油大王洛克斐勒這樣說：「我願意付出比得到其他任何本領更大的代價來獲取與人相處的本領。」

所以說，要成功就一定要營造一個利於成功的人際關係：工作中，與同事、上司及員工的關係是我們事業成敗的重要原因。一個沒有良好人際關係的管理者，即使他再有知識，再有技能，也很難得到施展的空間。

對於一個管理者來說，能否協調好企業內部各方面的人際關係，與企業的興衰成敗至關重要。有的企業不善於處理人際關係，結果導致上下屬主管不支持，同事之間不協調，與下屬關係不正常，幹群關係不和諧，員工之間不團結等等直接制約著管理的有效性，尤其影響到企業的興旺和發展。處理好人際關係，創造一個和諧無間，心齊勁足的環境，是企業管理者無法迴避的現實問題。具體來說有以下幾點：

1. 保證企業目標的實現

對於一個企業管理者來說，協調人際關係的意義在於創造一個寬鬆、祥和、健康、友愛、良好的人際環境，使企業人際關係之間處於無間和諧狀態，使上下屬坦誠相待，和睦相處，同事之間感情融洽、配合默契，這樣員工就會感到安全、愉快、幸福，促使大家為企業的利益和榮譽，加倍努力工作，從而產生強大的群體凝聚力和向心力，使企業上下左右真誠相處，同心同德，團結合作，同舟共濟，有效地克服實現企業管理目標道路上的各種困難和障礙，為實現企業目標奠定了基礎。

2. 提高企業的效能和效益

每個人的結合方式和結構是不同的，所以人與人之間的關係，在協調程度上是有一定差異的。人與人之間關係結合得好，其整體力量就能得到最大限度的發揮。相反，其整體力量就很小，甚至等於零。因此，協調好企業內部人際關係，就會使下屬彼此心情舒暢，建立起團結、合作、互相幫助的人

際關係，唯有這樣，企業的各項工作才能不斷取得新的成效，企業的經濟效益就會不斷提高。所以說，企業管理者搞好企業內部的人際關係對於提高企業的效能和效益，是非常重要的。

3. 實現人本管理的必經之路

對於每一個管理者來說，企業管理的實質就是對於人的管理，而要管好人，除了採取行政指揮，經濟手段，制度約束外，更重要的是感情影響、人際吸引和共同價值觀所產生的凝聚力。現代管理理論強調以人為中心，尊重人，體貼人，關心人，只有建立起祥和寬鬆，信任支持，充滿友好理解的人際環境，才能使企業形成有凝聚力的群體，展現人本管理的實質。人本管理的真諦就在於，最大限度地發揮企業共同價值觀的影響力。因此，協調企業內部人際關係，是企業管理者真正實現人本管理的必經之路。

關係資源是一種無形的資產，雖然它不是直接的財富，可是沒有它就很難聚斂財富。舉個例子來說，即使你擁有很完備的專業知識，而且是個彬彬有禮的君子，還具有雄辯的口才，但你卻不一定能夠成功地促成一次商談。這個時候，如果有一位關鍵人物協助你，為你開開金口，相信你的出擊一定會完美無缺百發百中，這裡，關係是一種無形的力量！所以說，要管理好一個企業，要成為一個卓越的企業管理者，不但要協調好自己的人際關係，更要協調好企業內部的人際關係，也只有這樣的管理者才會是一個優秀的管理者。

投入真心，贏得回報

人際關係最重要的法則就是要主動付出，因為每個人都希望得到別人的

幫助。然而大部分的人都不願主動幫忙，只要能主動先幫助別人，你就會受到歡迎，當你不斷地主動幫助別人，把肩膀借給別人，別人就開始依賴你，就不能沒有你。當別人不能沒有你的時候，就歡迎你、喜歡你，你自然成為管理者。

　　阿凱是一個善於關心下屬的企業家。工廠裡工人阿偉的母親患肝癌急需一筆醫療費，這筆昂貴的醫療費對於家庭情況本不富裕的阿偉來說無疑是雪上加霜。走投無路的阿偉被迫求助總經理阿凱，阿凱了解到阿偉的情況後，二話不說就給財務部門打了個電話：「馬上提出 20 萬元現金，送到我這裡。」之後阿凱還對阿偉說：「你現在不要有思想包袱，救人要緊，工作可以先停一停，如果這 5 萬元不夠，再來找我。」拿到錢的阿偉感動得熱淚盈眶，不停地說：「BOSS 真是謝謝你，你就是我的救命恩人，有機會我會報答你的。」儘管後來阿偉的母親還是去世了，但是阿偉對於總經理阿凱的感激之情卻一直埋在心裡。

　　後來由於市場競爭激烈，阿凱的鞋業公司經營舉步維艱，不得不靠裁員來維持公司的正常運轉，阿偉也在這次的裁員中失去了工作。不過，當他聽說在馬來西亞定居的叔叔要來投資開工廠時，第一時間就找到叔叔，把公司的現狀詳細地告訴了他，並向叔叔講了總經理阿凱的人品，提起了那次母親生病時阿凱的慷慨相助。聽完阿偉的一番介紹，老人決定把錢投在人品信得過的阿凱的工廠裡。這筆資金的注入，對於阿凱來說真的是天大的好事，公司不僅有了轉機，還擴大了生產規模，他的事業也有了更大的發展。

　　敬人者，人皆敬之；愛人者，人皆愛之。只要管理者以一顆真誠的心去面對員工，就能夠得到他們同樣的回報，為自己增加一個可以同甘苦、共發展的堅強靠山。如果你想成為一名卓越的管理者，更要以心換心，才能得到

員工的支持，並依靠他們的力量，取得事業的成功。

總裁林聰明，最開始做生意時遭人欺騙、被害得很慘，就連工人的薪資都發不出來。在某年的最後一天，林聰明身上只有 1500 塊錢，看著辛苦工作一年的員工，他的內心充滿慚愧和內疚，硬著頭皮說：「我們今年的生意虧了，實在沒錢發薪資，只有這 1500 塊大家先拿去用著，等過了節我一定盡快補上。」員工們卻沒有一個要錢，他們都異口同聲說：「林老闆，我們相信你的為人！」當場，林聰明被感動得熱淚盈眶。

其實，員工們的反應並不奇怪，因為林聰明在平時就非常關心他們，這贏得了他們的信任和忠誠。從開始創業時起，林聰明就特別關心員工：檢查員工宿舍，發現有的宿舍沒有電視，馬上就派人添購。儘管從宿舍到工廠只有不到 10 分鐘的路程，但林聰明還是為他的員工安排通勤車，並且說：「天這麼熱，怎麼能讓我的員工在烈日的暴晒下走著去上班呢？」

這種將心比心的關懷，贏得了員工們時林聰明的由衷擁護和愛戴。也正因如此，在林聰明遭遇最艱難的時刻，員工們能夠理解他、支持他，並且不離不棄地跟著他從逆境中站起。經過十幾年的努力，林聰明建立了資產好幾億、員工將近 2000 人的服飾公司。

戴爾‧卡內基（Dale Carnegie）說：「時時真誠地去關心別人，你在兩個月內所交到的朋友，遠比只想別人來關心他的人，在兩年內所交的朋友還多」。一個從來不關心員工的管理者，事業必定遭受層層的阻礙，即損人又害己，注定是個失敗者。以心換心，只有幫助員工，善於與他們共事，才能得到員工相應的付出，同時也獲了自我成長，得到無數人的信賴與支援，成為你可以依靠的對象。

常言道：「得道多助，失道寡助。」在職場中，良好的人脈關係和工作口

碑是我們取得成功的重要因素，人脈是靠自己經營出來的，幫助別人越多，你得到別人的幫助也就越多，你成功的機率就越大。竭盡全力地去幫助別人是每個管理者都應該主動去做的，等到你需要幫助的時候，就會得到同事投桃報李的友好援助。

管好自己的嘴，莫說他人是非

「病從口入，禍從口出」，許多是非往往是我們多嘴多舌造成的。翻人家的汙點，觸及人家的短處，不管是有意還是無意，對己對人都是不利的，我們在交際時應該多注意，不揭別人的短處。

有一個故事：

有一頭獅子老了，病倒在山洞裡。除了狐狸外，森林裡所有的動物都來探望過他們的國王。狼因為對狐狸有所不滿，就利用探病的機會在獅子面前詆毀狐狸。

狼說：「大王，您是百獸之王，大家都很尊敬、愛戴您！可是，您現在生病了，狐狸偏偏不來探望您，他一定是對大王心懷不滿，所以才會這樣怠慢您啊！……」

正說著，恰好狐狸趕來了，聽見了狼說的最後幾句話。一看見狐狸走進來，獅子就氣憤地對著他大聲怒吼起來，並說要給狐狸最嚴厲的懲罰。

狐狸請求獅子給自己一個解釋的機會。他說：「到您這裡來的動物，表面上看起來很關心您，可是，他們當中有誰像我這樣為您不辭勞苦地四處奔走，尋找醫生，問治病的方法的？」

獅子一聽，便命令狐狸立刻把方法說出來。狐狸說：「只要把一隻狼活剝

269

了，趁熱將他的皮披到您身上，大王的病很快就會好了！」

頃刻之間，剛才還在獅子面前說狐狸壞話的狼，就變成了一具死屍，躺在地上了。狐狸笑著說：「你不應該挑起主人的惡意，而應當引導主人發善心。」

由此可見，在背後說人閒話、挑撥離間的後果就是害人害己。

說閒話的人，通俗地來講，是指一種到處亂講，傳播一些無聊的、特別是涉及他人的隱私和謊言的人。換句話說，就是背後對他人品頭論足的人。雖說古人早有「謠言止於智者」的忠告，但智者畢竟很少，謠言總是會被傳來傳去。

常言道，人人背後有人說，背後人人在說人。「說人」是人的本性使然，許多人都有背後論人的是非的習慣，其中，所論的大多數是「非」——說的都是別人的壞話。這種攻擊通常是在非利益衝突前提下說的，於是論人者覺得自己不背負道德意義上的責任，也就放任自己，對自己的這一「惡行」不加反思及制止。這是因為，他沒有意識到自己所做的事情的嚴重性，也沒有想到這將給他帶來嚴重的後果。

某企業的分公司副總喜歡在同事之間傳播是非、挑撥離間。想當初他因傳播前副總與總裁關係曖昧，使得前副總無法在工作單位待下去，他便順利當上了這家企業的副總。在這個副總傳播是非、挑撥離間的過程中，他的行為僥倖沒有被總裁和同事們揭發，因此得了個大大的便宜。但是，他也落下了喜歡說是非的壞毛病。

有一次，為了檢驗售後部門的服務品質以及下屬對工作的熱忱度，這個副總便故技重施，企圖在售後經理和其一位得力的主管身上製造是非，離間

兩人的關係，使他們互相牽制，從而抓住他們的把柄，為己所用。

這天，副總到售後部門巡視，便與售後經理喝茶聊天。談話間，兩人談到了部門主管，副總說：「你的這位得力的主管是個好同志啊，工作賣力、幹勁十足，加上你的親自栽培，他的成長很快，這點董事會的成員沒有不知道的，人人都誇獎他的能力呢！」

售後經理聽到副總誇獎自己領導有方，樂得合不攏嘴，連連說不敢當，都是分內之事，心裡卻非常開心。

副總回到辦公室後，又找到部門主管，說：「我聽有人說，你工作不上進，當一天和尚撞一天鐘，且對售後經理常有不服之心。你的工作可不能這麼做啊，你是知道的，我們總經理可是售後經理的連襟，你若想有所建樹，就不要急於扳倒他，要知道他是有後臺的。」

部門主管想到副總與售後經理剛才單獨喝茶聊天，肯定是售後經理看不慣自己，擔心自己能力強，對他構成威脅，便無中生有告了自己的惡狀，這售後經理可真夠陰的，居然當著下屬的面是一套，當著上司的面又是一套，這不明顯與自己過不去嗎？

想到這裡，部門主管便將售後經理如何與總經理狼狽為奸，藉機侵吞公司財產的事揭露了出來，說完，還拍拍胸脯表態說：「請副總放心，我絕對沒有做對不起公司的事。我所知道的這些也確實真實可信，而且我還握有證據。有一次，經理找我，要我參與，我沒有答應，沒想到他居然想暗地裡整我。副總您一定要為我做主啊……」

部門主管的話，如一記炸雷驚醒了還在夢中的副總。於是，他便決定讓部門主管揭發總經理與售後經理的不法之事，並讓其連夜寫了份資料，第二

天早上便祕密送到了總公司。

　　總公司經查實後，依法處理了總經理和售後經理，但是副總傳播是非，從中挑撥離間的行為，也被人檢舉揭發，上級對他提出了嚴重的警告，他也沒當上總經理。

　　喜歡搬弄是非、挑撥怨仇，到處說別人壞話的人，最終都會使自己受害。人們為了生存要混跡於茫茫人海，要找個職業，眾所周知職場難混，時時要你小心謹慎，不能在背後說人長短。

　　某校一位副校長平時就喜歡在背後對別人評頭論足（當面卻說好話），且總認為自己什麼都厲害，別人都要差他一等，久而久之養成習慣，一次在教務處辦公室裡和幾個主任聊天，恰逢該校一女老師進來辦事，該女教師平時打扮較為新潮，本身人也長得好看，穿著更是前衛。副校長等女教師一出門，馬上就說道：「你看她穿的那個騷樣子，這種老師教什麼書啊，只不過是讓學生看她那身騷樣罷了，如果是我老婆穿成這樣，你看老子不把她休了才怪……」殊不知這為女教師正好倒回來拿她忘了的東西，聽個正著，這下麻煩了，那女教師不是吃素的，狠狠罵了副校長一頓，後來一狀告上法院與教育部，絲毫不給副校長一點情面。之後副校長雖然多次給女教師賠禮道歉，安排工作時也盡量照顧她，但女教師始終對他橫眉冷對，言語上不留丁點面子，後面法律結果出來，副校長被解職並且永遠不得錄用，這就是道人短長的代價。

　　「寧在人前罵人，不在人後說人。」這個意思就是說，別人有缺點有不足之處，你可以當面指出，令他改正，但是千萬別當面不說，背後亂說，這樣的人，不僅會令被說者討厭，同樣也會令聽者討厭。

　　背後說人是道德品行低下的表現，是被人看不起的行為。一個人如果真

的想讓別人看得起自己，首先就應該改掉背後說人的毛病。一旦這種毛病黏在一個人的身上，他就永遠擺脫不了品行低劣的嫌疑。所以，切忌背後說人壞話！

學會與他人共同分享利益

有一則寓言故事：

有一頭海豹在大海裡受了重傷，爬上海岸後很快就昏死了。海豹傷口發出的血腥味引來了幾隻賊鷗（海鷗的一種）。甲賊鷗說：「這隻海豹是我發現的，應該由我獨享，你們給我滾遠一點！」乙賊鷗說：「我第一個看到，應該我獨享，你 —— 甲賊鷗和其他的賊鷗們都應該滾遠一點！」丙賊鷗說：「憑資格，我比你們都老，所以應該由我獨享，你們全都給我滾蛋吧！」丁賊鷗說：「我父親是賊鷗國的國王，我是賊鷗國的王子，所以這頭海豹應該由我獨享，你們都沒有資格享受！」……

他們誰都想獨享這頭海豹，就互相混戰起來，打來打去，有的頭破血流，有的腿和翅膀受傷折斷。再看那頭海豹，已經凍成了硬邦邦的大冰塊，賊鷗們誰也啄不動它了，只能你看看我，我看看你，然後垂頭喪氣地帶著傷殘的身體飛走了。其實，一百隻賊鷗一起吃那頭海豹也要吃好幾餐呢。

一隻企鵝見了這個情景說：「一個由貪婪者組成的群體，只能是個個唯利是圖，大家明爭暗鬥，不懂得分享的道理，結果誰也過不好。」

這個寓言故事告訴我們一個道理：只有學會與他人共同分享利益，才能確保你的利益。

在當今的社會中，「分享」已經越來越成為商業活動中不可缺少的一環。

作為一名企業管理者，假如習慣獨享利益，那麼，總有一天會獨享苦果。

　　和別人在一起，如果你願意和身邊的人分享你的東西，那麼得到的一定比失去的多。一個人要成就大事業需要爭取盡可能多的人合作，而按現代經營理念，利益一致才有真誠的合作。美國 500 強之一、世界零售企業巨頭沃爾瑪有條成功的經驗：「和你的同事們分享利益，把他們當成合作夥伴看待。反過來他們也會將你當成他們的合夥人，大家齊心合作的效益將大大出乎你的意料。」

　　吉田忠雄是日本吉田工業公司的董事長，吉田工業公司是世界上最大的拉鍊製造公司。年營業額達 25 億元。年產拉鍊 84 億條，其長度達 190 萬公里，足夠繞地球 47 圈。吉田忠雄本人被稱為「世界拉鍊大王」，他說他的成功是由於「善的循環」。這與他小時候捕鳥時受到的教育是分不開的。

　　吉田忠雄的父親吉田久太郎是個穩重而又有正義感的小鳥販子，他以捕捉、飼養、販賣小鳥為生。7 歲時，吉田忠雄就上山幫父親。他們捉鳥從來不捕幼鳥，不捕餵養期的成鳥。用吉田久太郎的話說，首先得保證鳥類能夠代代繁衍，這樣才可以永遠都捕到鳥。這是一個善的循環。它在吉田忠雄的心中打上了深深的烙印。在捕鳥、馴鳥的歲月裡，吉田中雄吸收了影響他一生的營養，他從鳥兒那裡學到了熱愛自由、堅強不屈的性格，這為他日後艱苦創業，登上世界「拉鍊大王」寶座打下了堅實的思想基礎。

　　25 歲時，吉田忠雄創辦了專門生產銷售拉鍊的三 S 公司。50 歲時，吉田忠雄建成了世界一流的拉鍊生產工廠，完成了年產拉鍊長度繞地球一週的宏願。每逢有人追問他的成功之道時，吉田忠雄總是笑著說：「我不是愛護人與錢而已。人人為我，我為人人，不為別人利益著想，就不會有自己的繁榮。對賺來的錢，我也不全部花完，而是一部分作為員工的紅利，一部分再

投資於機器設備上。一句話，就是善的循環。」

　　吉田忠雄信奉「善的循環」哲學。他相信在互惠互利的情況下，才能真正做到雙贏。公司支付的紅利，他本人只占有 16%，他的家族占 24%，其餘 60% 由公司員工分享，這是其他老闆難以做到的。吉田忠雄要求公司職員把薪資及津貼的 10% 存放在公司裡，用來改善設備，提高利潤；員工每年可以分到 8 個月以上的資金，但他要求員薪資金的 2/3 購買公司的股票，公司由此增加資金，員工薪水與資金更加提高，且可以拿到 20% 股息。由此形成公司與員工之間的「善的循環」。

　　卓越的管理者懂得「與人分利」。他們有著高瞻遠矚的眼光，注重企業的長遠發展，而不是一時興衰。他們會為了企業的可持續發展而放棄一時小利。他們把員工看做是企業最重要的財富，而不是企業利潤的搶奪者。他們會和員工分享利潤，以此來激發員工的熱情，從而創造更多的財富。

　　與員工分享利益，這是市場經濟條件下企業利益可取的分配原則，是對員工勞動價值的承認，讓員工共用企業的發展成果，也是現代企業管理之要義。關心、愛護員工，尊重、理解員工，從一定意義上說，就是企業這個大家，要努力營造的良好環境，把每個員工都當做家庭一員對待，營造家的溫馨，才能形成親和力和向心力。反之，只顧企業利益，只顧自己多獲利，只願員工拚命多做活，卻不讓員工分享利益，那麼這樣的企業的發展是不會有什麼前景的。

　　員工和企業之間是相互依存的，任何一方利益的實現都離不開另一方的協助。企業的利益依靠員工實現，如果企業管理者只是將眼光停留在目前，看不到企業的長遠發展，也就不可能和員工分享利潤，從而難以讓員工持久地積極工作。管理者的短視思想只能讓企業停留在狹小的發展空間裡，難以

帶動員工熱情，只有認識到員工的價值，和員工分享利益，才能夠和員工建立和諧關係，推動企業的可持續發展。

測試題 ── 你的處事能力如何

處事能力主要指一個人處理社會生活中人與人之間各種矛盾能力。下面這個測試可用於了解一個人處事能力的狀況。

下面每一個問題設計了一種具體的社會生活情景，並且列出了 4 個被選方案。請你設身處地地考慮一下，如果你面臨這種情境，你的表現將與哪一個方案更符合，請把它前面的字母代號圈出來。

1　在聚餐會上，如果你與多數同桌的人素不相識，你怎麼辦？

　　A. 顯得心神不寧，左顧右盼。

　　B. 靜聽別人的談話。

　　C. 只與相識的人高談闊論。

　　D. 神態自如地參與大家的談論。

2　覺得自己與共同工作的人在性格和想法方面合不來，你怎麼辦？

　　A. 委曲求全，盡量湊合下去。

　　B. 故意找事由，與他吵架，迫使上司解決。

　　C. 向上司講他的短處，要求調離他。

　　D. 盡量諒解，實在不行，向上司如實說明，等候機會解決。

3　在公車上，你無意踩別人一腳，別人對你罵個不停，你怎麼辦？

　　A. 只當沒聽見，任他去罵。

　　B. 與他對罵，不惜大吵一架。

C. 推說別人擠了自己才踩到他的，不應該怪罪自己。

D. 請他原諒，同時提醒他罵人是不文明的。

4　在影劇院看電影時，你的鄰座旁若無人地講話，使你感到討厭，你怎麼辦？

A. 希望別人能出面向他們提意見或他們自己停止。

B. 嚴厲地指責他們。

C. 叫服務人員來制止他們。

D. 有禮貌地請他們別講話。

5　你辛苦地做完工作，自以為做得很不錯，不料上司很不滿意，你怎麼辦？

A. 不作聲地聽上司埋怨，但心中十分委屈。

B. 拂袖而去，認為自己不應受埋怨。

C. 解釋說因客觀條件限制，自己無法做得更好。

D. 注意自己做得不夠的地方，以便今後改正。

6　你買了一架嶄新的照相機，自己還未用過，但有朋友向你借，你怎麼辦？

A. 給他，但是滿腹牢騷。

B. 臉色很難看，使得朋友不得不改口。

C. 騙他說已經借給別人了。

D. 告訴他自己要試拍一下，檢查了照相機的性能後再借給他。

7　當你正埋頭做一件急事時，一位朋友上門來找你傾訴苦惱，你怎麼辦？

　　A. 放下手中工作，耐心傾聽。

　　B. 很不耐煩，流露出不想聽的神態。

　　C. 似聽非聽，腦子裡還在想自己的事情。

　　D 向他解釋，同他另約時間。

8　在你知道了別人的一些隱私之後，你怎麼辦？

　　A. 覺得好奇，但絕不去傳給其他人聽。

　　B. 忍不住，會很快告訴其他人。

　　C. 當其他人談起的時候，也會附和著一起談。

　　D. 根本沒有想要讓其他人也都知道。

9　星期天，你忙了一整天，把房間全部打掃乾淨，你的妻子／老公下班
　　回家後，卻指責你沒及時做晚飯，你怎麼辦？

　　A. 心裡很氣，但仍勉強地去做飯。

　　B. 發脾氣，罵對方自私，要對方自己去做飯。

　　C. 氣得當晚不吃飯。

　　D. 向對方解釋，然後邀請對方一起出去吃飯。

10　當你搬到一個新的住處，周圍鄰居都不認識，顯得較冷淡，你怎麼
　　辦？

　　A. 盡量避免與鄰居交往。

　　B. 故意顯出自己是很強硬的，讓人家有種敬畏感。

　　C. 視鄰居以後對自己的態度再行事。

　　D. 主動與鄰居打招呼，表現出友好的姿態。

11　如果有人經常要麻煩你做一些事，你卻很忙，你怎麼辦？

A. 盡量避開他。

B. 告訴他很忙，不要再來麻煩了。

C. 敷衍他。

D. 盡自己能力幫助，有困難時則向他說明情況。

12 一位朋友向你借了一點錢，但後來沒還，好像不記得這回事了，你怎麼辦？

A. 今後再也不借錢給他。

B. 提醒他曾借過錢。

C. 向他借同等金額的錢，作為抵消。

D. 就當沒這回事。

13 在餐廳你買了一份飯菜，但發現味道太鹹，你怎麼辦？

A. 向同桌人發牢騷。

B. 粗魯地責罵廚師無能。

C. 默默地吃下去。

D. 平靜地問服務員，能否變淡些，如不能，則吃不下去。

14 一位熱情的銷售員為了使你買到滿意東西，向你介紹了所有東西，但你都不滿意，你怎麼辦？

A. 買一件你並不想買的東西。

B. 說這些商品品質不好，是賣不掉的商品。

C. 向他道歉，說是朋友托買的東西，一定要朋友滿意的才能買。

D. 說一聲謝謝，然後離去。

計分：統計你所圈各個字母的次數，找出自己選擇次數最多的字母代號。

如果你選擇答案 A 的次數最多，代表你的處世態度過於消極，凡事與世無爭，實際上心中並不一定服氣，對任何有爭論的事，你都不願意表態，希望他人作決定或承擔責任。但人們了解你的時候，也許會同情你，但以後又會產生反感。

如果你選擇答案 B 的次數最多，代表你的處世能力較差，不善於待人接物，屬於好鬥型，遇不順心的事容易暴跳如雷，甚至粗魯地罵人。表面看來，你頗能占上風，其實得不到他人對你的尊重，結果是使人們憎惡你或害怕和疏遠你。

如果你選擇答案 C 的次數最多，代表你具有一定處事所需要的克制力，能把怨氣或不滿情緒隱藏起來，比前面兩種人更善於處理人與人之間的關係，只是有時為人不夠真誠坦率，結果是使人們感到你有時表現的比較虛偽或不能完全理解你。

如果你選擇答案 D 的次數最多，說明你有積極而理智的處事態度，遇事表現出較強的克制能力。尊重他人，對人誠懇坦率。不喜歡虛假和裝模作樣。結果是人們尊重你，願意和你交往，建立友情。

在升遷之後

卸責能力超強、偏激言論攻擊、濫用「承諾式」管理……主管缺乏領導能力，別再說員工不努力！

作　　者：陳立隆，尤嶺嶺

發 行 人：黃振庭

出 版 者：崧燁文化事業有限公司

發 行 者：崧燁文化事業有限公司

E-mail：sonbookservice@gmail.com

粉 絲 頁：https://www.facebook.com/
　　　　　sonbookss/

網　　址：https://sonbook.net/

地　　址：台北市中正區重慶南路一段六十一號八
　　　　　樓 815 室

Rm. 815, 8F., No.61, Sec. 1, Chongqing S. Rd.,
Zhongzheng Dist., Taipei City 100, Taiwan

電　　話：(02)2370-3310

傳　　真：(02) 2388-1990

印　　刷：京峯彩色印刷有限公司（京峰數位）

律師顧問：廣華律師事務所 張珮琦律師

定　　價：375 元

發行日期：2022 年 04 月第一版

◎本書以 POD 印製

國家圖書館出版品預行編目資料

在升遷之後：卸責能力超強、偏激
言論攻擊、濫用「承諾式」管理
……主管缺乏領導能力，別再說員
工不努力！/ 陳立隆，尤嶺嶺 著 . --
第一版 . -- 臺北市：崧燁文化發行，
2022.04
　面；　公分
POD 版
ISBN 978-626-332-290-5(平裝)
1.CST: 管理者 2.CST: 組織管理
3.CST: 企業管理
494.2　　111004271

電子書購買

臉書

蝦皮賣場